# La Science du cerveau et la connaissance

Gerald M. EDELMAN

# La Science du cerveau et la connaissance

*Traduit de l'anglais (États-Unis)*
*par Jean-Luc Fidel*

Odile Jacob

Cet ouvrage a été publié originellement par Yale University Press
sous le titre :
*Second Nature. Brain Science and Human Knowledge.*

3, rue Auguste-Comte, 75006 Paris
www.odilejacob.fr
ISBN : 978-2-7381-1928-5

Pour Judith, Eric et David.

« Et ensuite, on en vient à des choses comme le mal et la beauté et l'espoir [...]. Alors on approche de Dieu, si je puis recourir à une métaphore religieuse. La beauté et l'espoir, ou les lois fondamentales ? Je crois que ce qu'il convient de dire, c'est que nous devons être attentifs à toute l'interconnexion structurelle de la chose et que toutes les sciences, et pas seulement elles, mais tous les efforts intellectuels de toutes sortes, ont pour mission de voir les connexions entre les hiérarchies, de relier la beauté à l'histoire, de relier l'histoire à la psychologie humaine, la psychologie humaine au fonctionnement du cerveau, le cerveau à l'influx neural, l'influx neural à la chimie, et ainsi de suite, de haut en bas et de bas en haut. Aujourd'hui, nous ne pouvons – et il serait bien inutile de le faire croire – tout relier soigneusement d'un bout à l'autre, parce que nous commençons seulement à voir que cette hiérarchie relative existe.
Mais je ne crois pas qu'à la fin nous approchions de Dieu. »

Richard FEYNMAN

# *Préface*

Ce livre m'a été dicté par mes efforts, plus ou moins décousus, pour comprendre de quelle façon les progrès accomplis dans les sciences du cerveau affectent la façon de voir les problèmes portant sur la connaissance humaine. Les résultats de mes réflexions sur ces questions, je les ai exprimés en termes plus abordables et hétérogènes que ceux des philosophes spécialisés dans l'épistémologie traditionnelle. Il me semble que cette différence est un utile point de départ pour l'exploration future de la façon dont nous acquérons des connaissances.

Un simple coup d'œil à la table des matières révélera que j'estime aussi que comprendre la conscience est essentiel dans cette entreprise. Voici maintenant comment je propose de procéder.

Premièrement, je soutiendrai l'idée qu'un grand nombre de conséquences importantes s'ensuivent si nous montrons de quelle manière la conscience est fondée sur l'action du cerveau. Ce faisant, je *supposerai* que nous comprenons bel et bien ce fondement et je développerai les implications de cette compréhension. Puis, je décrirai certaines des caractéristiques essentielles du cerveau et les concepts nécessaires pour comprendre comment il fonctionne. Munis de cette description, nous pourrons aborder la conscience elle-même. Nous serons alors en position de revenir aux conséquences pour la science et la connaissance humaine qu'a notre compréhension des bases de la conscience.

En réalisant ce projet, je tiens à éviter les détails techniques. Je les ai traités longuement dans d'autres livres et articles. Pour décrire le cerveau, je m'appuierai autant que possible sur des exemples concrets et des métaphores.

Je prie le lecteur de considérer cet ouvrage comme une première tentative exploratoire censée inspirer de nouvelles réflexions sur la façon dont il se fait que nous connaissons le monde et nous-mêmes. Beaucoup de failles demeurent, et il reste encore beaucoup à accomplir à la fois en neurosciences et en psychologie avant que nous puissions nous former une image globale de la pensée et de la connaissance. Ce qui suit présente les premières touches.

# *Introduction*

De temps en temps, je fais un rêve. L'historien Henry Adams m'apparaît, râlant sur la complexité, maugréant sur la Vierge et la Dynamo. En général, le rêve ne va pas plus loin. Quand, éveillé, je m'en souviens en assez grand détail, je fais le lien avec le célèbre chapitre de *L'Éducation de Henry Adams*[1] où celui-ci rapporte le sentiment de décalage qu'il éprouva devant les immenses dynamos que son ami l'ingénieur Langley lui montra à l'Exposition universelle de Paris, en 1900. Adams oppose la complexité de ces moteurs à la simplicité de l'attitude religieuse vis-à-vis de la Vierge Marie. Ce thème, ses variations et le sentiment que ressentait Adams de ne pas être à l'aise dans son époque traversent toute *L'Éducation*.

Ce descendant de l'illustre famille remontant au président américain John Adams était un historien accompli. Son sentiment d'aliénation invite à s'interroger. N'était-ce pas simplement un symptôme de dépression clinique ? N'était-ce pas lié aux circonstances qui conduisirent au suicide de son épouse ? Ou bien cela ne reflétait-il pas une authentique division entre la façon dont on peut voir le monde du point de vue de la science et la manière dont on peut le considérer par le biais des sciences humaines et des lettres ?

Nul ne sait. Mais une chose est sûre. Il y a divorce entre la science et les lettres, et entre ce qu'on appelle les sciences dures comme la physique et les sciences humaines comme la sociologie. Mes rêves récurrents à propos de Henry Adams proviennent peut-être de mon intérêt persistant pour l'origine de cette séparation.

Je me suis longtemps interrogé sur le fossé qui isole les explications scientifiques de l'expérience quotidienne, que ce soit chez les individus ou dans un cadre historique. Le divorce entre sciences et lettres est-il inévitable ? Peut-on réconcilier les sciences humaines et les sciences dures ?

Les façons de voir ces questions ont considérablement varié, mais peu importe, pourrait-on dire. Comme l'atteste ce livre, je pense justement l'inverse – le fait de comprendre comment nous parvenons à une connaissance, par une investigation scientifique, par la raison ou par hasard revêt une importance majeure. L'obstination intellectuelle, le réductionnisme radical ou l'insouciance peuvent avoir de funestes conséquences à long terme pour l'humanité.

Ce livre est le produit d'une démarche intellectuelle qui conduit à ce que j'ai appelé une neuroépistémologie (*brain-*

*based epistemology*). Ce terme désigne les efforts menés pour fonder la théorie de la connaissance sur une compréhension de la façon dont fonctionne le cerveau. C'est une extension de la notion d'épistémologie naturalisée, proposée par le philosophe Willard Van Orman Quine[2].

Mon argumentation diffère de la sienne, qui s'arrête à la peau et aux autres récepteurs sensoriels. J'aborde quant à moi la question en envisageant une interaction très large – entre le cerveau, le corps et l'environnement. Je crois surtout qu'il est particulièrement important de comprendre la base de la conscience. Avec sa candeur habituelle, Quine disait :

> On m'a accusé de nier la conscience, mais je n'ai pas l'intention de plaider coupable. La conscience est pour moi un mystère, qu'il faut se garder d'écarter. Car, si nous savons tous ce que c'est qu'être conscient, personne ne sait comment traduire cela de manière satisfaisante en termes scientifiques. Tout au plus peut-on affirmer que la conscience est un état du corps, un état de notre système nerveux.
>
> La conduite que je tiens pour la sagesse populaire actuelle ne revient pas à nier la conscience. On la présente souvent – et à plus juste titre – comme un rejet de l'esprit. Et, de fait, il s'agit bien ici de rejeter l'esprit comme une seconde substance, dépassant ou dominant le corps. Moins brutalement, on pourrait aussi décrire ce rejet comme une identification de l'esprit à certaines facultés (états ou activités du corps). En ce sens, les états et événements mentaux sont une sous-classe spécifique des états et événements du corps humain ou animal[3].

Je crois que nous sommes désormais en position de réduire le mystère. Dans ce livre, je présente des réflexions qui traduisent cette position et portent directement sur la manière dont nous connaissons, dont nous découvrons et créons, ainsi que sur notre quête de la vérité. Ce faisant, je marche sur les traces de William James, pour qui la conscience est un processus dont la fonction est de connaître[4].

Il y a la nature, et il y a la nature humaine. Comment se croisent-elles ? Le titre original que j'ai choisi (*Second Nature*) reflète cette question et est dans une certaine mesure un jeu de mots. Ce terme désigne en général un acte accompli spontanément, aisément et sans qu'il soit besoin d'exercice ou d'apprentissage. J'y recours ici pour mobiliser cette signification, mais aussi pour attirer l'attention sur le fait que nos pensées flottent souvent librement par rapport à nos descriptions réalistes de la nature. Elles constituent une « seconde nature ». Je veux explorer ici comment interagissent la nature et cette seconde nature.

Chapitre 1

# *L'arc de Galilée et le programme de Darwin*

« Presque tout ce qui distingue le monde moderne des siècles passés peut être attribué à la science, qui a connu ses triomphes les plus spectaculaires au XVIIe siècle. »

Bertrand RUSSEL

« *L'Origine des espèces* a introduit un mode de pensée voué à finalement transformer la logique de la connaissance, et donc la façon de traiter la morale, la politique et la religion. »

John DEWEY

« Quelque chose de bien défini se produit lorsqu'à un certain état du cerveau correspond une certaine conscience (*'sciousness*). »

William JAMES

Henry Adams ne connaissait pas la moitié de ce qui est advenu depuis son époque. Mais il sentait que la technologie scientifique produisait une transformation de notre existence. Nous sommes en plein milieu d'une révolution : la communication, les ordinateurs, Internet, l'explosion des voyages sur terre comme dans les airs, l'énergie nucléaire, les manipulations biologiques de notre patrimoine génétique. On pourrait continuer et mentionner d'autres éléments technologiques liés à la globalisation qui ont changé le cours de notre vie, nos modes de pensée, notre place dans la nature et même la menace que nous représentons pour elle.

Que s'est-il passé quant à notre conception de la nature et de notre seconde nature ? Pour répondre à cette question, il faut regarder la science occidentale, en particulier la physique et la biologie, dans une perspective large. J'ai choisi deux figures, Galileo Galilei et Charles Darwin, pour mettre en lumière les évolutions qui ont modifié notre vie.

Premièrement, Galilée : on peut penser qu'il représente la naissance au XVII^e^ siècle de la physique moderne, la plus large des sciences. Le philosophe Alfred North Whitehead, dans *La Science et le monde moderne*, a qualifié ce qu'a accompli Galilée de « tranquille commencement du changement le plus intime de perspective que la race humaine ait jamais connu[1] ». À coup sûr, nous pouvons être impressionnés par l'arc que constitue la physique moderne et qui va des idées de Galilée sur le ciel et de ses expériences sur l'inertie à notre cosmologie actuelle et à nos théories de la matière. Il nous faut désormais affronter l'étrange domaine du très petit que décrit la mécanique quantique, mais aussi l'élégance supérieure de la relativité générale qui nous ouvre sur le très grand, l'Univers lui-même. Désormais, l'arc de Galilée va de l'énergie nucléaire à la physique des solides, à l'exploration de l'espace et aux origines de l'Univers lui-même avec le Big Bang.

Avant même ces progrès, une vision de ce qui fait la base de notre vie, l'évolution des choses vivantes, a été établie par Charles Darwin, au cours de la seconde moitié du XIXe siècle[2]. Le développement par lui de l'idée de sélection naturelle a apporté une base théorique permettant de comprendre la vie elle-même, en particulier lorsqu'elle a été reliée à la génétique mendélienne au XXe siècle[3]. Le développement ultérieur de la biologique moléculaire au cours de la dernière partie de ce siècle a permis de modifier la base même de la reproduction biologique.

Si l'on considère les différents domaines de la nature, il peut sembler que, si l'on inclut Darwin, l'arc galiléen a éclairé la compréhension de toutes les grandes catégories de sujets : les galaxies, les étoiles et les planètes, la structure de la matière, la nature des gènes et de l'évolution biologique. Au menu pour Henry Adams, il y aurait désormais pléthore de questions scientifiques couvrant une grande partie de notre existence. Mais il demeure un fossé ou un trou dans l'arc galiléen. Nous n'avons pas encore scientifiquement fondé les bases de la conscience dans le cerveau, problème qui, jusqu'à une date récente, a été laissé aux philosophes.

Ce n'est pas sans raison. Récemment encore, nous manquions de méthodes non invasives pour examiner les événements se produisant dans le cerveau. Surtout, la conscience est une expérience vécue à la première personne, alors que la méthodologie de la science en est une à la troisième. Les opinions, la subjectivité et autres choses semblables ne sont pas tolérées dans les expériences scientifiques. Facteur tout aussi important affectant l'approche scientifique de la conscience : l'influence de la pensée de Descartes[4]. Quelque temps après Galilée, Descartes a sorti l'esprit de la nature. Il l'a fait par la seule pensée, et il a conclu qu'il existait deux substances : la *res extensa*, les choses étendues relevant de la physique, et la *res cogitans*, les choses pensantes ne s'étendant pas dans l'espace et échappant à la physique. Le dualisme de Descartes et ses divers dérivés ont eu un effet profond sur la manière d'aborder la conscience en tant que cible scientifique valide.

Cet état de choses est des plus curieux. En principe, aucun sujet n'échappe *a priori* à l'investigation scientifique. Et pourtant, le fondement même de notre conscience a été laissé hors du coup ! La science, c'est l'imagination au service de la vérité vérifiable. Et en tant que telle, l'imagination dépend en fait de la conscience. La science aussi, donc. Comme le grand physicien Erwin Schrödinger l'a fait observer, aucune théorie scientifique en physique n'inclut des sensations et des perceptions ; pour avancer, elle doit donc présupposer que ces phénomènes sont hors de portée de la science[5].

Devons-nous accepter cet état des lieux ? Ou bien la science peut-elle remplir l'arc de Galilée ? Si ce n'est pas possible, doit-elle abandonner le terrain de la conscience aux philosophes, aux lettres et sciences humaines, et donc acquiescer au divorce qui troublait tant Henry Adams ?

Grâce aux découvertes sur le cerveau et aux avancées dans la théorie du cerveau qui ont été réalisées ces vingt dernières années, il semble au contraire que nous ne soyons pas contraints d'en rester là. Nous pouvons étudier la conscience, même dans ses aspects subjectifs. Mon objectif ici est de montrer comment. Mais d'abord, que signifie comprendre scientifiquement la conscience ?

J'ai découvert que certaines personnes ne croient pas que rendre compte scientifiquement de la conscience apporte beaucoup de choses en termes de conséquences. Mes remarques ne s'adressent pas spécifiquement à ces sceptiques, mais j'espère qu'elles en convaincront au moins certains d'examiner la position inverse. Je commence par une grosse hypothèse : nous disposons d'une théorie scientifique satisfaisante de la conscience qui est fondée sur l'activité du cerveau. Qu'est-ce que cela voudrait dire ?

Premièrement, cela éclairerait la relation entre les événements mentaux et physiques, et cela clarifierait certaines énigmes philosophiques en souffrance. Nous n'aurions plus à nous préoccuper du dualisme, du panpsychisme, du mystérianisme et des forces occultes[6]. Du moins gagnerions-nous du temps. Et en clarifiant ces problèmes, nous en tirerions une meilleure vision de notre place dans l'ordre de la nature. Nous serions capables de corroborer l'idée de Darwin selon laquelle l'esprit humain est le résultat de la sélection naturelle et donc d'accomplir son programme[7].

Nous aurions aussi une image meilleure des bases des illusions humaines, qu'elles soient utiles ou non. Une illusion que j'espère dissiper veut que notre cerveau soit un ordinateur et que l'informatique puisse produire de la conscience. De plus, une théorie réussie de la conscience clarifierait la place des valeurs dans un monde de faits. En liaison avec ces deux questions, une neurothéorie (*brain-based theory*) serait très utile pour comprendre les syndromes et les maladies psychiatriques et neuropsychologiques.

Tangentiellement, une neurothéorie pourrait enrichir notre conception de la créativité. Elle pourrait même apporter une vision plus claire de la connexion entre les descriptions objectives issues des sciences dures et les problèmes normatifs qui se posent en esthétique et en éthique. Dans cette mesure, elle pourrait aider à résoudre le divorce entre les sciences et les lettres et sciences humaines.

Surtout, réaliser ces objectifs pourrait contribuer à la formulation d'une épistémologie biologiquement fondée rendant compte de la connaissance en reliant la vérité à l'opinion et à la croyance, et la pensée aux émotions, et ce en incluant les aspects de la subjectivité à base neurale dans une analyse de la connaissance humaine.

Une neurothéorie satisfaisante aurait pour plus remarquable résultat de permettre de construire un artefact conscient[8]. Même si cet objectif est à présent de l'ordre de la fantaisie, des scientifiques appartenant à l'Institut de neurosciences de La Jolla, en Californie, ont déjà construit des neuromécanismes *(brain-based devices)* ayant des capacités perceptives et mémorielles. Bien sûr, pour que nous puissions croire que nous avons construit un dispositif conscient, il faudrait au moins qu'il fasse part, au moyen d'un langage, de ses états phénoménaux internes tandis que nous mesurerions ses performances neurales et corporelles. Cette exigence est présentement loin d'être satisfaite. Mais si elle l'était, ce serait une occasion sans pareil d'explorer le cerveau, le corps et l'environnement tels qu'ils interagissent dans un tel dispositif. « Verrait »-il ou « sentirait »-il le monde d'une façon que nous ne pouvons imaginer ? Seule la réception de messages venus de l'espace extérieur dépasserait en excitation cette entreprise. Mais il va nous falloir attendre.

Je propose maintenant de présenter quelques éléments soutenant l'hypothèse que j'ai formée, selon laquelle nous disposons d'une théorie satisfaisante de la conscience. Je le ferai en donnant une brève description de la conscience et de la dynamique cérébrale dont elle est issue. Ensuite, nous pourrons revenir plus en détail à l'analyse de leurs conséquences.

## Chapitre 2

# *La conscience, le corps et le cerveau*

> « Tel l'entomologiste en quête de papillons aux couleurs lumineuses, mon attention s'est mise en chasse, dans le jardin que constitue la matière grise, des cellules possédant des formes délicates et élégantes, qui représentent les mystérieux papillons de l'âme. »
>
> Santiago RAMÓN Y CAJAL

J'ai beaucoup écrit sur tous les détails qui entourent la structure et la dynamique du cerveau dans leurs relations avec la perception, la mémoire et la conscience. Je n'ai pas l'intention de me répéter ici. Je décrirai plutôt certaines des caractéristiques principales de la conscience. Puis, je présenterai brièvement l'activité cérébrale telle que la comprend la théorie que j'ai appelée le darwinisme neural[1]. Cela me permettra de montrer comment la dynamique cérébrale fait naître la conscience. Je ne répugnerai pas aux déclarations générales formulées sans preuves détaillées ; ces dernières, on peut les trouver ailleurs[2].

Nous savons tous implicitement ce qu'est la conscience. C'est ce qu'on perd quand on plonge dans un lourd sommeil sans rêve et, plus rarement, dans une anesthésie ou un coma profonds. Et c'est ce qu'on retrouve quand on ressort de ces états. Dans l'état de conscience éveillée, on fait l'expérience d'une scène unitaire composée de réponses sensorielles variables – vue, ouïe et odorat, etc. –, ainsi que d'images, de souvenirs, de tonalités affectives et d'émotions, du sens du vouloir ou de la capacité d'agir, d'un sentiment d'être situé et d'autres aspects de la conscience immédiate (*awareness*). Le fait d'être conscient est une expérience unitaire au sens où on ne peut à aucun moment être totalement conscient d'une chose seulement à l'exclusion complète des autres. Mais on peut diriger son attention sur divers aspects d'une scène moins développée, mais toujours unitaire. Très vite, cette scène variera plus ou moins et, quoique toujours intégrée, deviendra différenciée, enclenchant une nouvelle scène. Ce qui est extraordinaire, c'est que le nombre de scènes vécues en privé de ce type est en apparence sans limite. Les transitions semblent continues, et dans tous leurs détails, ce sont des expériences subjectives privées, à la première personne.

Les états de conscience portent souvent, mais pas toujours, sur des choses ou des événements, propriété qu'on appelle l'intentionnalité. Mais ils ne manifestent pas toujours cette propriété ; ils peuvent par exemple porter sur une humeur. Il y a souvent une « frange » ; ainsi William James désignait-il certains états à peine perçus. Les états de conscience peuvent aussi comprendre la conscience immédiate de sa capacité d'agir ou de la volonté d'accomplir une action.

La propriété qu'on décrit le plus souvent comme particulièrement mystérieuse, c'est l'aspect phénoménal de la conscience, à savoir l'expérience des qualia. Les qualia sont, par exemple, la verdeur du vert et la chaleur du chaud. Mais plusieurs spécialistes de ce sujet, moi compris, vont au-delà de ces qualités simples et considèrent que tout l'ensemble des scènes ou des expériences conscientes constituent des qualia.

Nombreux sont ceux qui pensent qu'expliquer les qualia est le test critique pour une théorie de la conscience. Comment pouvons-nous expliquer non seulement les qualia, mais aussi les autres caractéristiques de la conscience ? La réponse que je suggère consiste à regarder la façon dont fonctionne le cerveau et à en formuler une théorie globale qui puisse être étendue afin d'expliquer la conscience. Cependant, avant d'en venir là, une autre distinction encore sera utile. En tant qu'êtres humains, nous savons ce que c'est qu'être conscients. De plus, nous sommes conscients d'être conscients et pouvons faire part de notre expérience. Bien que nous ne puissions avoir une expérience de la conscience de membres d'autres espèces, nous conjecturons que les animaux comme les chiens sont conscients. Et ce, sur la base de leur comportement et de l'étroite similitude entre leur cerveau et le nôtre.

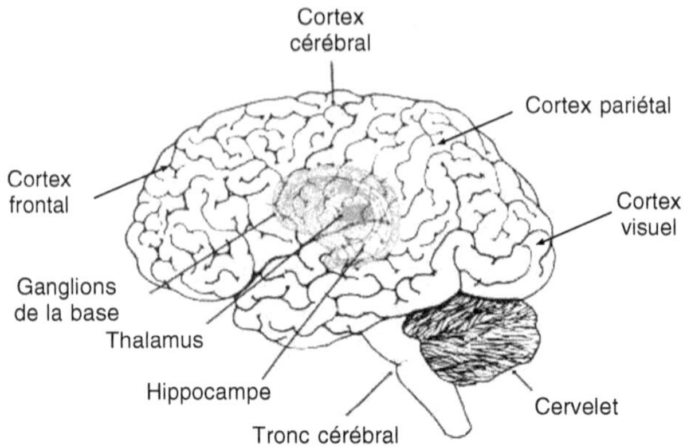
Cortex
cérébral
Cortex pariétal
Cortex
frontal
Cortex
visuel
Ganglions
de la base
Thalamus
Hippocampe
Cervelet
Tronc cérébral

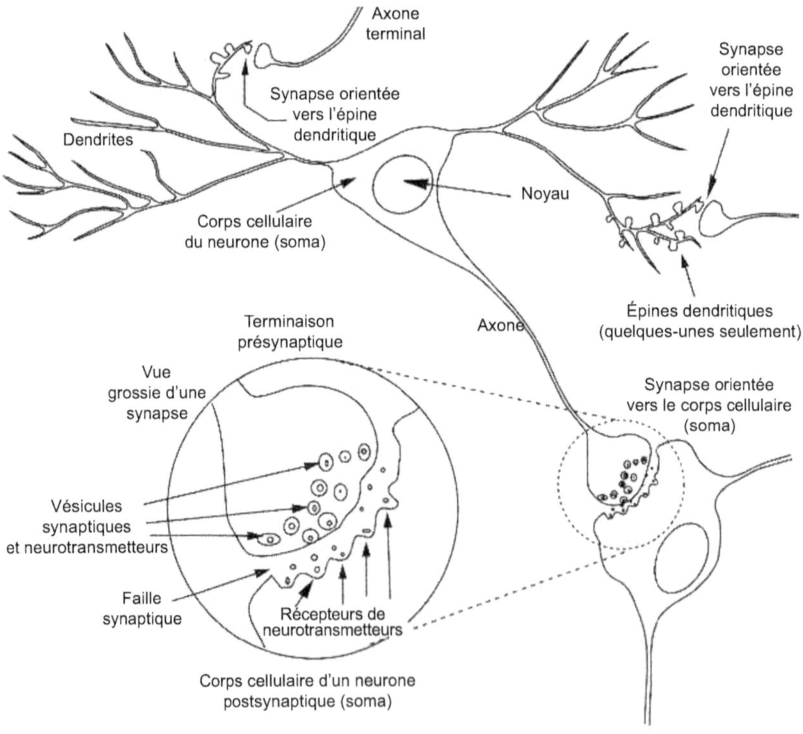
Axone
terminal
Synapse orientée
vers l'épine
dendritique
Dendrites
Synapse
orientée
vers l'épine
dendritique
Noyau
Corps cellulaire
du neurone (soma)
Épines dendritiques
(quelques-unes seulement)
Terminaison
présynaptique
Axone
Vue
grossie d'une
synapse
Synapse orientée
vers le corps cellulaire
(soma)
Vésicules
synaptiques
et neurotransmetteurs
Faille
synaptique
Récepteurs de
neurotransmetteurs
Corps cellulaire d'un neurone
postsynaptique (soma)

Mais en général, nous ne leur attribuons pas de conscience de conscience.

Voilà qui est à la base d'une utile distinction. Les chiens et les autres mammifères, s'ils sont conscients, ont une conscience primaire. Cela désigne l'expérience d'une scène unitaire pendant un laps de temps d'au plus quelques secondes ; c'est ce que j'appelle le présent remémoré

**Figure 1.**
***En haut : emplacements relatifs des grandes parties du cerveau humain.***
*Le manteau cortical, qui comporte trente milliards de neurones environ, reçoit des projections émanant du thalamus et renvoie des projections réciproques ; c'est le système thalamocortical. Sous le manteau se trouvent trois importants appendices corticaux : les ganglions de la base, le cervelet (qui régulent tous deux le mouvement) et l'hippocampe, nécessaire à la mémoire. Au-dessous se trouve la partie la plus ancienne du point de vue de l'évolution, le tronc cérébral, qui contient plusieurs systèmes de valeur se projetant de manière diffuse.*
***En bas : connexions synaptiques entre deux neurones.***
*Un potentiel d'action passant dans l'axone du neurone présynaptique entraîne la libération d'un neurotransmetteur dans la fente synaptique. Les molécules de ce neurotransmetteur se lient aux récepteurs correspondants sur la membrane postsynaptique, ce qui modifie la probabilité que la cellule postsynaptique déclenche en retour son propre potentiel d'action. Des séquences particulières d'activité peuvent renforcer ou affaiblir la synapse, ce qui modifie son efficacité. (Du fait du grand nombre de formes et de types différents de neurones, ce dessin est un schéma hautement simplifié.)*

– un peu comme l'illumination d'un rayon de lumière dans une pièce sombre. Même s'ils sont conscients des événements qui ont lieu, les animaux dotés de conscience primaire ne sont pas conscients d'être conscients et n'ont pas de notion du passé, de l'avenir et d'un soi portant un nom.

Ces concepts exigent l'aptitude à faire l'expérience de la conscience supérieure ; et cela nécessite de posséder une sémantique ou des capacités symboliques. Les chimpanzés semblent en être pourvus de rudiments. Dans notre cas, elles sont pleinement épanouies, parce que nous avons une syntaxe et un vrai langage. Grâce à l'aptitude à parler, nous pouvons nous affranchir temporairement des limitations du présent remémoré. Pour autant, dès qu'il y a conscience supérieure, il y a aussi conscience primaire.

Forts de ces éléments, tournons-nous maintenant vers l'organe responsable de tous ces traits extraordinaires : le cerveau. Le cerveau humain pèse environ 1,5 kg. C'est l'un des objets matériels appartenant au monde connu les plus compliqués. Sa connectivité est impressionnante : le manteau cortical tout ridé du cerveau comporte environ trente milliards de cellules nerveuses, ou neurones, et un million de milliards de connexions. Le nombre de voies actives possible dans une telle structure dépasse de loin celui des particules élémentaires dans l'Univers connu.

Ce n'est pas le lieu de détailler ici comment le cerveau donne la conscience. Je l'ai fait dans plusieurs livres, qu'on peut consulter. Mais je voudrais quand même donner une image de la structure et de l'activité du cerveau. Il y a les neurones, qui possèdent une sorte de buisson (les dendrites) et un dispositif étendu et unique (l'axone) servant à connecter un neurone à un autre. Cette connexion, qu'on appelle la synapse (figure 1, en bas), est un élément essentiel pour assurer le fonctionnement des circuits du cerveau. Il en va ainsi parce que l'électricité qui passe par l'axone libère dans la synapse de petits paquets de substances chimiques dites neurotransmetteurs. Ces substances franchissent la courte distance que couvre la synapse et se lient à certains récepteurs présents souvent sur les dendrites de la cellule réceptrice. Si cette libération a lieu assez souvent, la cellule réceptrice ou postsynaptique s'allume ; elle peut alors répéter le processus et envoyer un signal à une autre cellule. Si l'on sait qu'un tel processus recouvre une myriade de synapses, on comprend pourquoi, grâce aux méthodes modernes, on peut en fait enregistrer des courants et des potentiels minuscules sous le scalp. Les neurophysiologues peuvent enregistrer plus précisément des cellules uniques en pénétrant dans le cerveau et en insérant des électrodes microscopiques dans des neurones individuels.

Une propriété clé des synapses est qu'elles sont plastiques : diverses activités et événements biochimiques peuvent modifier leur force. Ces changements peuvent à leur tour déterminer quelles voies neuronales sont sélectionnées pour transmettre les signaux. Les structures de ces changements de force synaptique constituent la base de la mémoire. À ce stade, il peut être utile de mentionner que les synapses ont deux variantes : excitatrices et inhibitrices. Toutes deux peuvent faire preuve de plasticité ; et ensemble, elles aident à sélectionner les voies de signalisation qui fonctionnent dans le cerveau.

Pour avancer dans ce résumé succinct, soulignons que les connexions anatomiques et les voies cérébrales d'une espèce animale donnée sont sélectionnées durant l'évolution et le développement. Il en résulte tout un ensemble d'aires cérébrales différentes et de collections de cellules appelées noyaux. Chacun a des entrées et des sorties à courte et longue distance.

Considérons par exemple les voies visuelles chez les singes. La lumière, lorsqu'elle frappe les cellules de la rétine, excite le nerf optique, dont les signaux finissent par atteindre une structure appelée thalamus, qui joue un rôle central dans notre histoire. Le thalamus est une petite structure qui a une grande importance dans toutes les théories de la conscience. Les neurones du thalamus médiatisant la vision envoient des axones vers une aire du cortex cérébral dite V1. De là, toutes sortes de voies sont élaborées dans le cortex qui conduisent à des aires appelées V2, V3 et V4, notamment. Trente-trois aires corticales différentes sont impliquées d'une façon ou d'une autre dans la vision.

Deux faits importants à propos de cela et de plusieurs autres systèmes sensoriels ressortent. Le premier est que, en général, chaque aire cérébrale fonctionne à part : dans la vision, V1 sert à l'orientation des objets, V4 à la couleur, V5 au mouvement des objets. Le second fait est qu'une seule aire ne contrôle ni ne coordonne les réponses de toutes les autres quand un signal visuel complexe provient, par exemple, d'un objet coloré et mobile, doté d'une forme particulière. Comme nous le verrons, le cerveau n'en a pas moins des moyens de coordonner les événements perceptifs isolés qui se produisent lorsqu'un tel stimulus frappe la rétine. Le résultat net d'une telle coordination est la catégorisation perceptive – à savoir le découpage du monde des entrées en objets ayant un sens susceptible d'être reconnu par une espèce animale donnée. Le cerveau effectue une reconnaissance de structures. Nous pourrions poursuivre par les systèmes sensoriels autres que la vision, mais les principes sont similaires même si les récepteurs et les entrées diffèrent.

*Quid* des sorties ? Les différentes aires sensorielles sont connectées aux aires « supérieures » du cortex, de sorte que c'est surtout à lui-même que parle le cerveau. Évidemment, un ensemble d'aires corticales envoie des messages de sortie motrice à la moelle épinière et ainsi à nos muscles afin de déclencher diverses actions et mouvements. De plus, le cortex reçoit des entrées supplémentaires d'un grand nombre de structures sous-corticales proches du thalamus et leur envoie des sorties. Elles comprennent (voir figure 1) les ganglions de la base et le cervelet, qui contribuent à réguler le mouvement, et l'hippocampe, qui contribue à établir la mémoire à long terme des événements et des épisodes en interagissant avec le cortex.

Pour l'instant, on pourrait trouver que ce que j'ai dit décrit un système analogue à un dispositif électronique comme un ordinateur. Dans de nombreux cercles scientifiques, d'ailleurs, on croit toujours que le cerveau est un ordinateur. Cette croyance est erronée pour un grand nombre de raisons[3]. Premièrement, l'ordinateur fonctionne au moyen de la logique et de l'arithmétique à des intervalles très courts réglés par une horloge. Or, comme nous le verrons, le cerveau ne travaille pas selon des règles logiques. Pour fonctionner, un ordinateur doit recevoir des signaux entrants dépourvus d'ambiguïtés. Mais les signaux gagnant les divers récepteurs sensoriels du cerveau ne sont pas organisés ainsi ; le monde (qui n'est pas découpé à l'avance en catégories prescrites) n'est pas un fragment de code informatique. Deuxièmement, l'ordre du cerveau que j'ai brièvement décrit est énormément variable à ses niveaux les plus fins. Lorsque les courants neuraux se développent, diverses expériences individuelles s'impriment de sorte qu'il n'existe pas deux cerveaux identiques, même ceux de vrais jumeaux. Il en va ainsi dans une large mesure parce que, durant le développement et l'établissement de la neuroanatomie, les neurones qui s'allument ensemble se branchent. De plus, on ne connaît pas de programme informatique consistant en procédures qui contrôleraient efficacement les entrées, les sorties d'un cerveau, ainsi que le comportement. L'intelligence artificielle ne fonctionne pas dans des cerveaux réels. Il n'existe pas de logique ni d'horloge précise gouvernant les sorties de notre cerveau, même si elles peuvent paraître régulières.

Enfin, il faut souligner qu'à la naissance, nous ne sommes pas porteurs d'assez de gènes pour spécifier la complexité synaptique d'un cerveau supérieur comme le nôtre. Évidemment, le fait que nous ayons un cerveau humain et non un cerveau de chimpanzé dépend bien de nos réseaux génétiques. Mais ces réseaux génétiques, comme ceux des cerveaux eux-mêmes, sont extrêmement variables puisque leurs diverses structures d'expression dépendent du contexte environnemental et de l'expérience individuelle.

Si le cerveau des mammifères n'est pas un ordinateur, qu'est-il donc ? Comment fonctionne-t-il ? Nous devons répondre à ces questions avant de pouvoir expliquer les bases cérébrales de la conscience.

## Chapitre 3

# *Le sélectionnisme*

### UN PRÉREQUIS DE LA CONSCIENCE

> « Pour être acceptées, les théories traversent quatre phases :
> i) c'est du pur non-sens ;
> ii) c'est un point de vue intéressant, mais tordu ;
> iii) c'est vrai, mais pas important ;
> iv) je l'ai toujours dit. »
>
> J. B. S. HALDANE

Les descriptions que je viens de donner de la conscience et du cerveau doivent maintenant être connectées de façon satisfaisante. Pour ce faire, il faut présenter une théorie qui rende compte de l'action cohérente du cerveau sans computation. Cela conduit à explorer un certain nombre de concepts essentiels plutôt méconnus. Pour les rendre compréhensibles, je vais utiliser des exemples biologiques et quelques analogies non biologiques. Ensuite, je ferai le lien avec notre tâche principale : voir comment la conscience a évolué et comment elle apparaît dans les cerveaux individuels.

Avant de passer aux questions théoriques, nous ne devons pas perdre de vue certains faits : le cerveau est incarné et le corps est impliqué. Envisageons en premier lieu cette incarnation. Toutes les activités que j'ai décrites au chapitre précédent dépendent de signaux qui vont du corps au cerveau et du cerveau au corps. Les cartes et les connexions cérébrales ne sont pas seulement modifiées par ce que nous sentons, mais aussi par la façon dont nous bougeons. En retour, en plus de contrôler les mouvements et les actions qui guident nos sens, le cerveau régule les fonctions biologiques fondamentales des organes de notre corps. Ces dernières concernent les aspects fondamentaux de la sexualité, de la respiration, du battement du cœur, etc., ainsi que les réponses qui accompagnent l'émotion. Si vous considérez le cerveau comme votre organe favori, vous *êtes* votre corps.

Considérons ensuite l'implication. Votre corps est impliqué et situé dans un environnement particulier qui l'influence et est influencé par lui. Cet ensemble d'interactions définit votre éconiche, comme on dit. Rappelons-nous que l'espèce humaine a évolué (ainsi que son cerveau) en traversant une série de niches de ce type. Si je souligne ces faits, c'est parce que, pour faire court, je parlerai souvent du cerveau sans me référer aux deux autres membres de la triade essentielle : le corps et l'éconiche.

Mais souvenez-vous, quand ce sera le cas, que j'ai toujours en tête cette triade essentielle.

Venons-en maintenant à la théorie qui sert de base à la compréhension de la conscience. Une telle théorie doit rendre compte à la fois de la diversité et de la régularité des réponses cérébrales en l'absence de contrôle par la logique et par une horloge précise, ce qui est typique d'un ordinateur.

Où nous tourner une fois laissée de côté la notion de computation ? On trouvera la réponse en se tournant vers les idées fondamentales de Darwin en matière de population[1]. Pour lui, des catégories (de caractères ou d'espèces) pouvaient résulter d'une sélection opérée à partir d'une population d'individus divers – c'est-à-dire ayant des traits différents. Selon cette conception fondatrice de la sélection naturelle, la compétition au sein des espèces et entre elles donnait lieu à la survie et à la reproduction des individus qui, en moyenne, étaient plus adaptés que les autres. Donc, leur progéniture et – comme nous le savons aujourd'hui – leurs gènes survivraient. La sélection naturelle est une reproduction différentielle. L'idée extraordinaire qu'émit Darwin était que cette variation au sein d'une population n'était pas juste du bruit, mais servait au contraire de substrat à la sélection et à la survie possible.

Tout cela a lieu au cours d'une évolution qui a pris des millions d'années. Mais un système sélectionniste peut-il opérer durant la durée de vie d'un individu ? Nous savons aujourd'hui que c'est possible : le système immunitaire des vertébrés est un système sélectionniste[2]. Votre corps reconnaît la forme des molécules étrangères (comme des portions de bactéries, de virus, voire de composés organiques plus simples) par le biais d'un système de molécules appelées anticorps. Ces protéines voyagent dans la circulation sanguine et on en trouve aussi à la surface des cellules centrales pour l'immunité qu'on appelle les lymphocytes.

Constatant que les anticorps peuvent se lier et même distinguer des molécules étrangères qui n'existaient pas auparavant, les immunologues ont abouti à une théorie riche en enseignements. Elle stipule qu'un anticorps, une fois formé, se déploierait autour de la forme de la molécule étrangère injectée (ou antigène). L'antigène disparaîtrait, laissant une cavité correspondant à sa forme. L'anticorps pourrait alors se lier à cet antigène en cas de nouvelle rencontre à venir. Cette idée était simple et séduisante... mais il est apparu qu'elle était fausse.

En fait, il s'est avéré que la reconnaissance immunitaire a lieu par sélection, et non par instruction. Dans chaque lymphocyte de votre corps, le gène d'un anticorps connaît une variation par mutation et un processus appelé recombinaison. Il en résulte que la partie de la protéine d'anticorps qui se lie à un antigène étranger à la surface d'une cellule donnée est particulière et unique. Dès qu'il y a cent milliards de lymphocytes, chacun doté d'une sorte d'anticorps à sa surface, une population diverse se forme. Quand un antigène étranger se lie à une ou plusieurs de ces cellules par l'intermédiaire des anticorps adaptés à sa forme, ces cellules reçoivent le signal de se diviser et produire encore davantage de cet antigène. Le résultat est que des expositions ultérieures à l'antigène immunisant se traduiront par une rapide liaison et une neutralisation par une quantité bien plus grande d'anticorps « spécifiques ». (Je connais bien ce système puisque j'ai étudié la structure chimique des anticorps.)

Que retenir de ces exemples concernant l'évolution et l'immunité ? Premièrement, nous voyons qu'il doit exister un générateur de diversité (GOD ou *generator of diversity*). Ensuite, un défi de la part de l'environnement doit confronter une espèce à de la compétition (évolution) ou à un corps comportant des molécules étrangères (immunité). Troisièmement, il doit y avoir amplification ou reproduction différentielles des variantes qui sont plus adaptées (dans l'évolution) ou qui s'adaptent (comme en cas de liaison par antigène). Notez bien que les mécanismes en vertu desquels opèrent ces trois principes ne sont pas les mêmes dans les deux cas.

On peut donc suggérer que le cerveau, comme le système immunitaire, est un système de sélection qui opère au cours d'une vie individuelle. J'ai avancé cette idée en 1977 et je l'ai ensuite développée sous le nom de darwinisme neural[3]. Cette théorie comporte trois principes de base. Le premier stipule que le développement de circuits neuronaux dans le cerveau donne lieu à une énorme variation anatomique microscopique par suite d'un processus de sélection continuelle. Cette sélection développementale tire sa force du fait que, même chez le fœtus, les neurones qui s'allument ensemble se branchent ensemble. Deux neurones distants formeront par exemple des connexions synaptiques si leurs structures d'allumage sont corrélées dans le temps. Deuxièmement, un ensemble supplémentaire mais qui recoupe le précédent d'événements sélectifs se produit lorsque le répertoire de circuits anatomiques qui sont formés reçoit des signaux en vertu du comportement ou de l'expérience d'un animal. Cette sélection expérientielle résulte de modifications dans la force des synapses qui existent déjà dans l'anatomie du cerveau. Certaines synapses gagnent en force ; d'autres sont affaiblies. Tout se passe comme si les agents de police stationnés à une synapse particulière facilitaient le passage des signaux de l'axone à la dendrite, alors qu'à d'autres synapses, ils le réduisaient. Les combinaisons de voies de signalisation qui peuvent en résulter dans le cerveau sont nombreuses, tout comme les groupes de neurones qui constituent les éléments sélectionnés.

Le résultat net de la sélection développementale et expérientielle est que certains circuits neuraux sont favorisés au détriment d'autres. Mais puisque nous avons abandonné le modèle de l'ordinateur avec sa logique et son horloge, comment obtenons-nous un comportement *cohérent* à partir de ce système ? Et qu'est-ce qui biaise le système pour qu'il déclenche des réponses adaptatives ? La réponse à la première question réside dans le troisième principe de la théorie, qui suggère un processus appelé réentrée[4]. La réentrée est le passage continuel de signaux d'une région du cerveau (ou carte) à une autre, et leur retour, à travers les fibres massivement parallèles (axones) dont on sait qu'elles sont omniprésentes dans les cerveaux supérieurs. Les voies de signalisation réentrantes changent continuellement avec la rapidité de la pensée (voir figure 2).

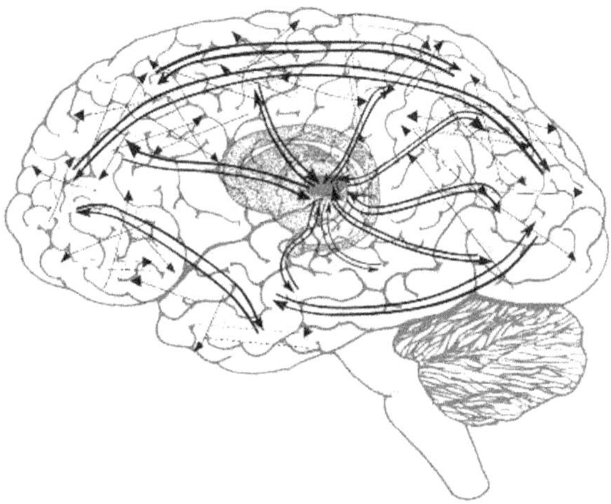

Figure 2.

***La réentrée est ici illustrée par les interconnexions au sein du système thalamocortical.***

*Les arrangements anatomiques montrés ici comprennent un faisceau dense de connexions réciproques entre le cortex et le thalamus, ainsi qu'entre diverses aires corticales. Ce diagramme ne peut indiquer le nombre et la densité des connexions réciproques qu'on voit dans le cerveau réel. Tandis qu'elles transportent des potentiels d'action et modifient la force des synapses, ces connexions réciproques intègrent et synchronisent les différentes activités des diverses aires spécifiques du cerveau.*

L'effet net de cette circulation réentrante est l'allumage réglé dans le temps ou synchronisé de groupes de neurones dans des circuits particuliers. C'est ce qui assure la coordination dans le temps et dans l'espace, laquelle devrait sinon être réalisée par une forme de computation. Pour imaginer comment fonctionne la réentrée, considérez un quatuor à cordes hypothétique composé de musiciens talentueux. Chacun joue son air à un rythme différent. Reliez maintenant le corps de tous les musiciens avec de tout petits fils (nombreux sur toutes les parties du corps). Lorsque chaque musicien bouge, il envoie inconsciemment des ondes de mouvement aux autres. Au bout d'un court moment, le rythme et dans une certaine mesure les mélodies deviendront plus cohérents. Cette dynamique se poursuivra, donnant une nouvelle sortie cohérente. C'est quelque chose de ce genre qui se produit dans le jazz improvisé, sans fils, bien sûr !

La théorie de la sélection des groupes de neurones (TSGN) ou darwinisme neural a besoin d'une prémisse de plus pour répondre à la question portant sur les réponses adaptatives : pour qu'une adaptation réussisse, un biais doit réguler ce qui résulte de la sélection développementale et expérientielle coordonnée par réentrée. Il s'avère que, dans chaque espèce, ce biais est hérité sous forme de systèmes de valeur présents dans le cerveau par suite de la sélection naturelle. Chacun de ces systèmes de valeur libère un certain type de neurotransmetteur ou de neuromodulateur dans des circonstances particulières. Ce qu'on appelle le locus coeruleus en donne un exemple : c'est un petit ensemble de neurones situés de chaque côté du tronc cérébral. Ces neurones envoient des axones dans le cerveau et la moelle épinière (formant une sorte de chevelure pour le cerveau). À réception de signaux surprenants, par exemple un son fort, ces neurones libèrent un neurotransmetteur appelé noradrénaline dans la zone environnante, comme par un tuyau d'arrosage. Le résultat peut abaisser le seuil des réponses synaptiques de multiples neurones, ce qui conduit à davantage d'allumage, ainsi qu'à des modifications de la force des synapses entre ces neurones.

De même, un système de valeur libère le neurotransmetteur appelé dopamine. Ce système se trouve dans les ganglions de la base et le tronc cérébral (voire figure 1)[5]. La libération de dopamine agit comme un système de récompense, ce qui favorise l'apprentissage. D'autres systèmes libèrent des neurotransmetteurs différents : ceux qui libèrent de la sérotonine gouvernent l'humeur et ceux qui libèrent de l'acétylcholine peuvent altérer les seuils d'éveil et d'endormissement. C'est la combinaison de l'activité de ces systèmes de valeur, conjointement avec les modifications de la sélection synaptique dans les réseaux spécifiques de groupes de neurones, qui gouverne le comportement. La sélection au sein de ces réseaux détermine les catégories de comportement d'un animal individuel ; ce sont les systèmes de valeur qui apportent les biais et les récompenses.

Nous voyons maintenant que les cerveaux sont dotés d'un générateur de diversité (GOD), sont en contact avec des signaux venant d'un monde inconnu par le biais de leurs répertoires de groupes neuronaux et favorisent l'amplification différentielle des connexions entre les groupes de neurones qui sont adaptatifs. Nous en concluons que nos cerveaux sont des exemples parfaits de systèmes sélectionnistes. Notez bien que, étant donné les principes du darwinisme neural, chaque cerveau est unique dans sa structure anatomique et sa dynamique. Même les cerveaux de jumeaux différeront.

Je ne discuterai pas les données qui confirment le darwinisme neural[6]. Je dirai simplement que de nombreuses expérimentations ont révélé la variation qui règne dans la sélection développementale, l'importance des modifications de force synaptique qui jouent dans l'apprentissage et la mémoire, et l'apport de la réentrée pour coordonner l'activité des régions du cerveau par synchronisation de leurs circuits.

Selon le darwinisme neural, les multiples zones fonctionnellement isolées du cerveau telles que les régions corticales dédiées à la vision sont reliées quant à leurs réponses par réentrée. L'aire corticale V1 est dédiée à l'orientation d'un stimulus, l'aire V4 à sa couleur et l'aire V5 à son mouvement. Ces zones et un grand nombre d'autres aires n'ont pas de coordinateur. Elles sont interconnectées de façon réentrante par des fibres réciproques (voir figure 2). Les combinaisons de réponses entre ces aires donnent naissance à un percept unifié, par exemple d'un objet penché, rouge, cylindrique et qui se déplace. Ce percept résulte de l'activité de circuits qui s'allument de façon synchrone et qui relient ensemble les réponses des diverses régions isolées.

D'après cette théorie, le souvenir d'un tel événement est une propriété de système dynamique dans laquelle le renforcement et l'affaiblissement synaptique favorisent le réarrangement de certains des circuits originels. Mais alors, le signal ne vient pas de l'objet originel. Il y a plutôt stimulation, au sein du cerveau d'un sujet, des circuits réentrants afin de donner une image ou une pensée de l'objet par ressouvenir. Dans ce cas, l'image est convoquée parce que le cerveau se parle à lui-même. La mémoire, qui est une recatégorisation influencée par les systèmes de valeur, échange précision extrême contre pouvoir d'association.

Un dernier concept est nécessaire pour rendre compte du rappel par association : les circuits cérébraux soumis à sélection doivent être dégénérés. La dégénérescence renvoie à des situations dans lesquelles différentes structures peuvent donner les mêmes sorties ou conséquences[7]. Un bon exemple en est le code génétique ; chaque triplet de bases d'ADN spécifie un en particulier des vingt acides aminés qui composent les protéines. Puisqu'il existe quatre bases chimiquement différentes, soixante-quatre triplets sont possibles. Toutefois, puisqu'il n'existe que vingt acides aminés différents, le code doit être dégénéré. Chacune des quatre bases (G, C, A ou T) doit occuper la troisième position de chaque triplet, dans de nombreux cas sans changer l'acide aminé spécifié. Il existe en moyenne trois (c'est-à-dire soixante-quatre divisé par vingt) manières de coder n'importe quel acide aminé. Si une chaîne de trois cents bases spécifie une suite de cent acides aminés différents formant une protéine, chacune de ces trois à la puissance cent environ suites de bases différentes peut spécifier la même suite de protéine. Le code est dégénéré.

La dégénérescence s'observe à de nombreux niveaux d'organisation biologique, qui vont des propriétés des cellules à celles du langage. C'est une propriété essentielle des systèmes sélectionnistes, lesquels ne fonctionneraient pas sans elle. On peut donc s'attendre à ce que, dans la perception et la mémoire, de nombreux circuits différents de groupes de neurones puissent donner un résultat semblable. Si l'un ne réussit pas à fonctionner, un autre le pourra. La signification de cette observation va bien au-delà des propriétés d'« échec tranquille » des circuits dégénérés. La dégénérescence des circuits cérébraux donne presque immanquablement lieu à l'association, propriété clé qui est requise pour la mémoire et l'apprentissage. Cette propriété associative apparaît du fait du recoupement des différents circuits dégénérés donnant un résultat similaire. Si les signaux entrants changent, l'existence de ce recoupement peut aussi se traduire par une association avec des circuits différents donnant des résultats différents.

Une théorie sélectionniste telle que le darwinisme neural pose nécessairement des répertoires extrêmement différents de groupes neuronaux. Elle explique comment les recombinaisons de tels groupes peuvent être reliées pour former des touts intégrés en fonction des diverses entrées provenant du corps, du monde et du cerveau lui-même. Comme nous le verrons, ce sont précisément les propriétés requises pour rendre compte des propriétés très riches et pourtant unitaires de l'état conscient.

Chapitre 4

# *De l'activité du cerveau à la conscience*

« La conscience règne, mais ne gouverne pas. »
Paul VALÉRY

Nous devons maintenant rendre compte de la façon dont la conscience est apparue au cours de l'évolution et durant le développement individuel de certaines espèces. Les données dont nous disposons suggèrent que la conscience est due à l'activité réentrante qui a lieu entre les aires corticales et le thalamus, ainsi qu'aux interactions du cortex avec lui-même et les structures sous-corticales. La théorie stipule que la conscience primaire est apparue à un moment donné de l'évolution lorsque le système thalamocortical s'est considérablement agrandi et que le nombre de noyaux thalamiques spécifiques a augmenté tandis que le cortex cérébral s'élargissait[1]. Le point de départ de ces événements évolutifs a sans doute été la transition des reptiles aux oiseaux et, séparément, aux mammifères il y a environ deux cent cinquante millions d'années.

Un animal ayant évolué pour être doté d'un ensemble de circuits réentrants dégénérés reliant ensemble de nombreuses régions corticales pourrait effectuer un nombre considérable de discriminations et de distinctions. Par exemple, il pourrait relier ensemble de nombreux signaux sensoriels, effectuer de nombreuses catégorisations perceptuelles et les connecter à la mémoire selon diverses combinaisons. D'après cette conception, la conscience primaire naît de l'activité réentrante qui relie la catégorisation perceptuelle à la mémoire de valeurs-catégories. La structure de l'activité intégrative qui a lieu dans ce réseau neuronal réentrant thalamocortical, dite noyau dynamique, créerait une scène dans le présent remémoré de la conscience primaire, scène avec laquelle l'animal pourrait établir des plans. Dans cette mesure, un tel animal conscient jouirait clairement d'un avantage adaptatif sur les animaux dépourvus de capacités discriminatoires ainsi renforcées. Le système de la mémoire, chez cet animal conscient, est influencé par des systèmes de valeur et par les modifications synaptiques sélectionnées qui sont suscitées par l'expérience catégorielle passée. Ce système de mémoire est probablement médiatisé par des régions corticales plus antérieures, comme le cortex frontal et pariétal (voir figure 1, en haut), tandis que la perception en cours est sans doute rendue possible par des régions corticales plus postérieures.

La conscience est un processus qui consiste en une extrême diversité de qualia, comme on dit : ce sont les discriminations assurées par l'activité très distribuée et hautement dynamique du noyau thalamocortical. Au cours de cette activité, le cerveau se parle en grande partie à lui-même. Il me faut souligner que c'est l'*interaction* des divers systèmes dans le noyau qui est essentielle. Nous devons donc veiller à éviter d'assigner la conscience à une région spécifique.

Pour comprendre que c'est l'activité réentrante et sélectionniste des groupes de neurones faisant partie du noyau qui entraîne la conscience phénoménale, il est nécessaire d'évoquer le dualisme. Même si la conscience est un processus en lui-même dépourvu de pouvoir causal, elle n'en est pas moins entraînée par l'activité complexe et le pouvoir causal des groupes de neurones qui constituent le noyau réentrant. De plus, depuis les tout premiers temps du développement, les signaux allant du corps au cerveau et de ce dernier à lui-même forment les bases de l'émergence d'un soi. Ce soi, tout comme la conscience, est aussi un processus. Il repose sur l'expérience consciente pour se référer à ses souvenirs, et cette expérience consciente favorise la communication avec les autres individus de son espèce.

Évidemment, dans le cas de la conscience primaire, la connaissance immédiate et la planification consciente sont limitées au présent remémoré. Un animal pourvu d'une conscience primaire n'a pas de conception narrative explicite du passé, ne peut planifier en détail un scénario pour l'avenir lointain et n'a pas de soi social qui puisse être nommé.

Pour que ces traits apparaissent, un autre événement devait se produire au cours de l'évolution, impliquant de nouveau des connexions réentrantes. À un certain moment au cours de l'évolution des primates supérieurs, un ensemble nouveau de voies réciproques a été développé, ce qui a rendu capables de référence symbolique ou sémantique les connexions réentrantes entre les cartes conceptuelles du cerveau et ces aires. Nous savons que des chimpanzés entraînés pour cela peuvent maîtriser des symboles ; les chimpanzés dotés d'aptitudes sémantiques pourraient donc posséder des lueurs de conscience supérieure. Mais la conscience supérieure, pour s'épanouir pleinement, a dû attendre que le langage apparaisse au cours de l'évolution humaine. Référence a alors pu être faite à un lexique, dont les éléments ont pu être reliés par une syntaxe. Des concepts riches du passé, de l'avenir et du soi social sont apparus. La conscience n'a plus été restreinte au présent remémoré. La conscience de conscience est devenue possible.

Selon le darwinisme neural, c'est la réentrée survenant dans le noyau dynamique extrêmement complexe qui s'étend au thalamus et à travers le cortex qui a constitué l'événement intégrateur conduisant à l'apparition de l'expérience consciente. Cette dernière a reflété les énormes pouvoirs de discrimination rendus possibles par différents états complexes du noyau. Ces états impliquent nécessairement l'intégration des multiples aspects d'une scène unitaire. De nouveaux états du noyau et de nouvelles scènes unitaires se différencient dans le temps et se développent par suite de la myriade de signaux qui proviennent du cerveau lui-même, du corps et du monde.

Dans ce tableau, nous ne devons pas oublier qu'une grande partie du comportement est déterminée par les interactions non conscientes entre les parties sous-corticales du cerveau et le cortex cérébral. Un grand nombre de ces réponses non conscientes sous-tendant les habitudes et le comportement appris devaient cependant être établies auparavant par les distinctions conscientes médiatisées par le noyau. Les interactions entre les systèmes du noyau, les systèmes de mémoire non consciente et les signaux émanant des systèmes de valeur opèrent ensemble pour donner la richesse du comportement humain.

Un bref résumé de ce qui a été présenté jusqu'ici peut servir à mettre en lumière la vision de la conscience que j'adopte ici. Les états conscients sont unitaires, mais ils changent séquentiellement dans le temps. Ils ont un contenu et une portée larges. Leur étendue est modulée par l'attention et, bien que dans une large mesure, ils soient intentionnels – ils portent sur des objets ou des événements –, ils n'épuisent pas les domaines auxquels ils se réfèrent. Surtout, ils suscitent des sentiments subjectifs ou qualia. Ma thèse veut que ce soit l'évolution d'un système thalamocortical réentrant capable de donner naissance à un noyau dynamique qui ait permis l'intégration de complexes de plus en plus grands d'entrées sensorimotrices. Les animaux dotés d'un tel noyau ont alors pu effectuer des discriminations raffinées. Les qualia sont précisément ces discriminations, chacune suscitée par un état différent du noyau. Bref, les états conscients reflètent l'intégration des états neuraux dans le noyau[2].

Munis de ce tableau, nous pouvons clarifier un grand nombre d'erreurs logiques et d'incohérences sémantiques qui ont affligé les études sur la conscience. L'une de ces erreurs est l'incapacité à distinguer la causalité physique et l'entraînement logique[3]. Les hypothèses selon lesquelles c'est l'action du noyau thalamocortical qui *cause* la conscience se heurtent à une difficulté. Puisque les causes précèdent les effets, ces hypothèses impliquent l'existence d'un écart temporel entre processus incommensurables. Au contraire, l'action neurale dans le noyau *entraîne* la conscience, tout comme le spectre de l'hémoglobine du sang est entraîné par la structure mécanique et quantitative de cette molécule.

Un autre ensemble d'erreurs est lié à cette question de la causalité. Les philosophes ont développé la notion de zombie, créature dépourvue de toute conscience, mais capable de se comporter à tous égards comme si elle était consciente. Cette idée erronée tire son origine de l'observation du comportement d'humains affectés de crises psychomotrices qui peuvent effectuer des actes complexes sans en être conscients. Mais de telles séquences d'actions, ils les ont apprises *consciemment*. Même en pleine crise, une personne peut apprendre une *nouvelle* tâche, laquelle, la plupart du temps, requiert la conscience pour être acquise. Le défaut logique en jeu dans l'hypothèse d'un zombie peut se révéler si l'on postule un « zombie de l'hémoglobine ». Imaginez un zombie doté de toutes vos structures et fonctions corporelles, mais dont les cellules sanguines transportent de l'hémoglobine blanche au lieu d'être rouge ; et pourtant, elle se lie à l'oxygène tout comme la vôtre. Improbable !

D'autres confusions peuvent venir de la réification de choses, de propriétés et de processus. La conscience n'est pas une chose, c'est un processus. La question de savoir si les qualia existent est marquée par une erreur semblable. De même l'assertion selon laquelle les catégories sensorielles comme la couleur et diverses autres perceptions existent dans le monde, indépendamment de l'esprit et du langage.

À propos de l'esprit, on trouve souvent le postulat selon lequel un système dynamique et auto-organisé comme le cerveau possède une composante constante, une essence ou, au contraire, des frontières temporelles ou spatiales nettes qui permettent de répondre à la question : « Suis-je le même qu'auparavant ? » La continuité n'implique pas d'essence, non plus qu'il soit nécessaire qu'un système soit constant pour continuer à ressembler à ses états antérieurs.

J'ai souvent soutenu que, si une structure ou une propriété existe, elle doit « avoir » une fonction. Ce n'est pas nécessairement vrai. *Quid*, par exemple, de la « fonction » des rêves ? Sigmund Freud défendait l'idée que leur fonction était de réaliser nos désirs[4]. Mais il se pourrait tout simplement que les rêves soient suscités à titre d'état particulier de la conscience lorsqu'il y a blocus des entrées et des sorties dans le système thalamocortical pendant le sommeil profond (*REM sleep*), période riche en rêves.

Peut-être le plus frappant manquement à la logique est-il l'affirmation selon laquelle, pour expliquer un phénomène, il faut nécessairement le reproduire. Si l'on y tient absolument, on ne pourra jamais expliquer la conscience, l'histoire, le vol ou les ouragans. Il existe cependant certains processus dont on peut avoir une expérience subjective avant de les expliquer. La conscience est l'un d'entre eux ; elle est nécessairement privée parce qu'elle est entraînée par l'activité du noyau réentrant dans le cerveau individuel.

Une fois tout cela débroussaillé, nous pouvons maintenant explorer certains aspects de l'activité cérébrale qui affectent la façon dont nous obtenons des connaissances dans le but de jeter les bases d'une neuroépistémologie. Pour ce faire, il nous faudra brièvement explorer diverses manières de voir comment on obtient et évalue des connaissances.

## Chapitre 5

# *Malaise dans l'épistémologie*

> « Douter de tout ou croire tout : ce sont deux stratégies tout aussi commodes. Elles nous dispensent toutes deux d'avoir à réfléchir. »
>
> Henri POINCARÉ

L'épistémologie est la branche de la philosophie qui s'intéresse à la nature, à l'étendue et aux origines de la connaissance. En résumé, c'est la théorie de la connaissance. Comme telle, elle a joué un rôle central dans le développement de la pensée philosophique. Mais un coup d'œil dans ses branches révèle une très large gamme d'opinions quant à la validité des idées en vigueur dans ce champ et même de graves doutes quant à leur utilité au sein même de la philosophie. Un rapide regard dans des manuels d'épistémologie fera voir à quel point elle a été sujette à des modifications – on trouve ainsi l'« épistémologie féministe », l'« épistémologie de la vertu », l'« épistémologie traditionnelle », l'« épistémologie naturalisée », et même la « mort de l'épistémologie[1] ».

Je n'ai pas l'intention de sonder les profondeurs de ce champ très discuté. Mais dans la mesure où mon objectif dans ce livre est de connecter la science du cerveau à la connaissance humaine, je dois apporter certains éclaircissements. Il en ressortira que, d'un point de vue scientifique, la théorie de la connaissance est loin d'être complète. Pour remettre en perspective cette entreprise, je passerai brièvement en revue certains problèmes centraux, pour terminer par ceux qui sont liés à la neuroépistémologie.

L'épistémologie traditionnelle s'intéresse à la connaissance considérée comme une croyance justifiée et vraie. Bien des débats philosophiques sur cette question tournent autour du sens des termes « connaissance », « vrai » et « croyance ». À cet égard, il s'agit d'un jeu de langage, selon la description de Ludwig Wittgenstein, qui avait des doutes sur l'entreprise tout entière[2]. L'objet principal des épistémologues traditionnels remonte au moins aux idées essentialistes de Platon[3]. Dans les Temps modernes, on peut le faire remonter à la conception cartésienne du penseur solitaire recherchant des croyances indubitables. Son *cogito ergo sum* fut à l'origine du dualisme, position métaphysique que les scientifiques les plus modernes rejettent[4]. Il était surtout soucieux de lever tout doute en établissant un fondement assuré pour la connaissance. La position fondamentaliste qui dérive de la conception cartésienne est dans une certaine mesure le point de départ du souci qu'ont les épistémologues traditionnels de la nature formelle des opérations mentales. Ils se préoccupent aussi des aspects normatifs du sujet, qu'on peut formuler ainsi : comment pouvons-nous justifier ou valider une croyance vraie ?

Toute la position de l'épistémologie traditionnelle tourne autour d'arguments liés au sujet pensant et au monde distinct de lui et auquel il est confronté. Il n'est donc pas surprenant que des débats soient nés entre les rationalistes, qui mettent l'accent sur les opérations mentales innées, les empiristes, qui affirment que la connaissance provient surtout des données des sens à la faveur de l'interaction avec le monde, et les kantiens, qui abordent ce problème en connectant les idées *a priori* et *a posteriori*.

Un certain nombre de penseurs ont rejeté toute cette entreprise en affirmant qu'aucune de ces conceptions ne reflétait l'interaction des humains avec le monde dans lequel ils agissent. On trouvera ces vues dans les essais de Richard Rorty et de Charles Taylor ; tous deux peuvent raisonnablement être rangés au sein de l'école dite de la « mort de l'épistémologie[5] ». Une des thèses de ses défenseurs est que nous ne sommes pas des observateurs détachés du monde qui opèrent au moyen de « représentations » présentes dans notre esprit. Nous sommes des agents embarqués dans le monde et nous acquérons nos connaissances par notre action dans le monde. De plus, nos cerveaux sont incarnés, et cette incarnation est essentielle pour expliquer comment ces cerveaux fonctionnent afin de parvenir à un savoir.

Je ne développerai pas plus l'épistémologie traditionnelle que les idées de ses détracteurs. Quelle que soit la véracité de certaines de leurs vues, ils raisonnent en chambre. Il pourrait au contraire être plus fructueux d'examiner les efforts accomplis pour relier l'épistémologie à l'entreprise scientifique, pour la naturaliser.

Comme je l'ai déjà indiqué, un exemple clé se trouve dans la proposition par Quine de naturaliser l'épistémologie. Sa proposition initiale était que l'épistémologie s'intéresse aux fondements de la science. Conscient des échecs du fondationnalisme, il nous a invités à nous intéresser aux processus *psychologiques* donnant lieu aux croyances sur le monde. Quine suggère que la relation à la sphère physique comprenne aussi bien la physique que les récepteurs sensoriels du sujet humain. C'est, selon lui, ce qui nous permet de préserver la « pureté extensionnelle » de la physique. Le sujet reçoit « une entrée contrôlée – certaines structures de radiation – [...] et fournit en guise de sortie une description du monde extérieur tridimensionnel et de son histoire. La relation entre les maigres entrées et les sorties torrentielles est une relation que nous sommes invités à étudier [...] afin de voir comment les données corroborent la théorie[6] ».

De fait, cette proposition aborde les problèmes épistémologiques en termes de cause. Mais en restreignant le champ d'intérêt au monde, à la peau et aux diverses couches sensorielles, elle évite de prendre explicitement en considération les transformations qui surviennent au sein du sujet humain : la conscience, l'intentionnalité, la mémoire – tous les sujets que j'ai discutés dans les précédents chapitres. J'envisagerai plus loin comment réparer ce défaut. À ce stade, il est éclairant de considérer un autre effort accompli pour « psychologiser » l'épistémologie – celui de Jean Piaget.

Avant même la proposition de Quine, Piaget s'est quant à lui consacré à ce qu'il a appelé l'« épistémologie génétique[7] ». Par là, il entend la tentative pour expliquer la connaissance « et en particulier la connaissance scientifique sur la base de son histoire, de sa sociogenèse, et spécialement les origines psychologiques des notions et des opérations sur lesquelles elle est fondée ». Au contraire de Quine, Piaget a effectivement conduit un programme de recherches empiriques, principalement centré sur le développement de l'enfant. Il a suggéré qu'il existerait des structures d'événements physiques et mentaux (structures cognitives) sous-tendant l'intelligence et apparaissant à des étapes particulières du développement. Selon Piaget, il existerait quatre étapes : la phase sensorimotrice (de 0 à 2 ans), la phase préopérationnelle (de 3 à 7 ans), la phase opérationnelle concrète (de 8 à 11 ans) et celle des opérations formelles (de 12 à 15 ans). Au cours de l'étape sensorimotrice, on voit surgir l'intelligence sous la forme d'actions motrices ; au cours de l'étape préopérationnelle, on voit l'apparition de l'intuition ; au cours de l'étape concrète, la logique apparaît, mais seulement en référence à du concret ; et au cours de l'étape opérationnelle formelle, on voit émerger des abstractions.

Piaget a indiqué plusieurs processus d'adaptation : l'assimilation – l'interprétation des événements en termes de structures cognitives existantes – et l'accommodation – l'altération des structures cognitives en liaison avec l'environnement. À la faveur d'une suite d'expérimentations et d'observations ingénieuses d'enfants un demi-siècle durant, Piaget voulait montrer comment la connaissance s'édifie. Il a remis en cause la position de l'épistémologie traditionnelle, selon lui trop statique et négligeant le *développement* de la connaissance. Il a aussi critiqué l'accent mis par les traditionalistes sur la validité et la justification reposant sur l'idée d'observateur isolé. Il a affirmé au contraire qu'en suivant le développement des sciences, nous pouvons découvrir les valeurs et les normes qui régulent ces sciences et la connaissance qui en dérive.

Il n'est guère douteux que Piaget fut un grand pionnier. Toutefois, ses propositions comportent un certain nombre de difficultés. La première est liée à sa conception stricte de la suite d'étapes constituant le développement de la connaissance. Les psychologues de l'enfant ont en gros vérifié de nombreuses observations de Piaget, mais ils ont remis en cause son schéma quelque peu rigide et spéculatif. Le terme d'« épistémologie génétique » peut aussi créer des confusions ; ses recherches relèveraient plus proprement de l'épistémologie ontogénétique.

Quelle que soit la terminologie utilisée, les piliers de la biologie de Piaget comportent une grosse faiblesse[8]. Pendant une bonne partie de sa longue carrière, il a eu tendance (comme Freud) à se reposer sur la loi biogénéque, aujourd'hui discréditée, d'Ernst Heinrich Haeckel : l'ontogenèse récapitule la phylogenèse. Plus préoccupant est son rejet du néodarwinisme, à un certain degré lié à sa croyance dans la récapitulation. En outre, Piaget tenait beaucoup à la connexion douteuse entre les séquences intervenant dans la psychogenèse de l'individu humain en développement et dans l'émergence historique des idées scientifiques. Or il était exagéré de suggérer que le développement historique de la science occidentale récapitulait les étapes du développement humain individuel. Malgré ces propositions idiosyncrasiques et sa tendance à aller trop loin, les efforts empiriques de Piaget ont eu une immense influence sur nos conceptions du développement mental.

Parmi les tentatives plus récentes pour fonder une épistémologie naturalisée sur la psychologie, on peut remarquer les travaux de Michael A. Bishop et J. D. Trout[9]. Ces auteurs ont exprimé ce qui représente peut-être la critique la plus développée (et la plus acerbe) de ce qu'ils appellent épistémologie analytique standard (que je nomme épistémologie traditionnelle, quant à moi). À la place, ils proposent un programme favorisant l'excellence du raisonnement. Soulignant la fragilité du processus de raisonnement dans de nombreux secteurs, ils suggèrent un programme composé de prescriptions pragmatiques et guidant la raison pour nous aider à raisonner mieux que tout autre programme émanant par exemple de l'épistémologie traditionnelle. Pour identifier les stratégies de raisonnement qui réussissent, ils avancent une théorie épistémologique dite du « fiabilisme stratégique ». Elle consiste à évaluer les règles fiables, à calculer les coûts et les bénéfices liés à une stratégie donnée et à appliquer des jugements sur la signification d'un problème – c'est-à-dire à évaluer le poids des raisons objectives qui incitent à consacrer des ressources à ce problème.

Ce programme remplace la notion de justification, selon l'épistémologie traditionnelle, par des tests pragmatiques mobilisant des règles et visant à évaluer la réussite pratique dans le raisonnement. En tant que tel, il est normatif – si une stratégie de raisonnement psychologiquement fondée donne des conséquences supérieures, elle doit être adoptée. Notez bien que cette suggestion prescriptrice est fondée sur une évaluation scientifique des conséquences dans le monde réel. L'aspect normatif de cet ensemble de propositions ne doit pas laisser penser à un franchissement indu de la frontière entre ce qui est et ce qui doit être. J'ai d'ailleurs évité un tel franchissement en matière d'éthique et d'esthétique car, dans ce cas, les critères et les données scientifiques font en grande partie défaut. Les normes du « fiabilisme stratégique » sont censées n'être adoptées que si le raisonnement qui convient donne des résultats qu'on peut évaluer.

Cette entreprise fondée sur la psychologie est un exercice d'épistémologie empirique et naturalisée. Elle promet beaucoup, mais elle ne prend pas en compte les contraintes neurales pesant sur le comportement qui nous intéressent ici. Il convient de souligner que les deux approches se complètent : nous aimerions fonder l'épistémologie sur des résultats scientifiquement certifiables, mais nous aimerions aussi évaluer la pertinence ou la non-pertinence des soubassements neuraux de ces résultats.

À ce stade, une brève mention de deux autres champs scientifiquement fondés est de rigueur. Le premier, que Donald Campbell appelle l'épistémologie évolutionniste, se divise en deux branches[10]. La première s'intéresse à la façon dont la sélection darwinienne détermine les moyens d'acquisition de connaissances au sein d'une espèce donnée. Cette branche recoupe les travaux des anthropologues et les efforts menés pour achever le programme de Darwin. La seconde branche de l'épistémologie évolutionniste, plus discutable, s'intéresse à l'application générale de la pensée sélectionniste à la connaissance elle-même. Un exemple souvent cité est l'idée de Karl Popper selon laquelle la pensée scientifique est en grande partie fondée sur toute une série de conjectures qui se prêtent à une sélection par essai pour être réfutées. Un autre exemple est la thèse de Richard Dawkins selon laquelle les idées qui se propagent sont des « mèmes » qui, tels les gènes, peuvent se reproduire, s'hériter et être sélectionnés[11].

Cette dernière notion est apparue dans le domaine de ce qu'on appelle la psychologie évolutionniste. C'est une application un peu plus prudente de la sociobiologie d'E. O. Wilson aux structures de comportement[12]. La thèse sociobiologique initiale de Wilson pour expliquer des comportements tels que l'altruisme sous l'effet de l'action d'un gène a été vivement critiquée[13]. Pour autant, la psychologie évolutionniste a continué à mettre l'accent sur les gènes, considérés comme unités primordiales de sélection (les « gènes égoïstes », selon les termes de Dawkins) afin d'expliquer le comportement, en particulier social.

Dans l'épistémologie évolutionniste comme dans la psychologie évolutionniste, une sorte de pansélectionnisme sert à expliquer la connaissance et le comportement. Dans des cas sporadiques, les concepts relevant de ces champs ont une certaine valeur. Mais tous deux sont des tentatives pour réduire le comportement et la connaissance à un paradigme englobant tout. Cela présente le risque d'engendrer des histoires difficiles à vérifier : les analyses logiques et propositionnelles ne sont pas simplement le produit de l'évolution et certainement pas d'une sélection opérant sur des individus ou des populations contemporaines. De plus, les gènes ne sont pas, en général, les unités de sélection durant l'évolution – ce sont les individus qui le sont. Si Piaget a outrepassé ses limites en rejetant l'évolution darwinienne, les praticiens de ces deux champs ont trop utilisé le sélectionnisme pour expliquer des entités complexes. Pour autant, au niveau du fonctionnement cérébral, le sélectionnisme reste une approche de valeur, parce qu'il fournit un fondement pour édifier une neuroépistémologie.

## Chapitre 6

# *Une approche fondée sur le cerveau*

> « Votre théorie est folle, mais pas assez pour être vraie. »
>
> Niels BOHR

Nous pouvons désormais poser cette question : pouvons-nous développer une neuroépistémologie qui puisse commencer à régler les problèmes soulevés au chapitre précédent ? Comme je l'ai souligné, une telle tentative doit aller plus loin que celle de Quine et aborder les bases physiques de l'activité mentale (*mentation*) et de la conscience. Elle doit aussi rester en gros cohérente avec ce que le développement fait naître et qui a été étudié pour la première fois par Piaget. Comme j'ai tenté de le montrer dans les chapitres précédents, la théorie étendue de la sélection des groupes de neurones et l'analyse des bases neurales de l'expérience consciente représentent des tentatives pour satisfaire ces exigences. Je voudrais envisager ici plus précisément la relation entre ces questions et les forces et les limites d'une neuroépistémologie.

Quine et Piaget considéraient tous deux l'épistémologie comme une branche de la psychologie, et non des neurosciences. On peut se demander si l'on peut remédier aux déficiences de leurs propositions en comprenant comment le cerveau fonctionne. Qu'est-ce qu'une neuroépistémologie peut apporter à notre vision de la façon dont nous acquérons des connaissances ? Une telle épistémologie doit être fondée sur l'évolution – c'est-à-dire sur la sélection naturelle. C'est fondamental, mais il ne faut pas confondre avec les présupposés sous-jacents au champ de l'épistémologie évolutionniste que j'ai mentionnée plus haut. Cela signifie simplement que tous les mécanismes cérébraux que j'ai discutés sont apparus durant l'évolution d'*Homo sapiens*. Voilà qui peut sembler trivial, mais cela a des implications profondes. L'une est que le cerveau, en tant que structure fondamentale pour l'élaboration de la connaissance, n'a pas été *conçu pour* la connaissance. L'évolution est puissante et opportuniste, mais elle n'est ni intelligente ni instructionniste.

On peut être d'accord avec les détracteurs de l'épistémologie traditionnelle pour considérer qu'il n'existe pas d'observateur cartésien détaché. Le présupposé évolutionniste que je viens de formuler exige nécessairement que le cerveau et le corps soient embarqués dans l'environnement (ou éconiche). Et comme nous le verrons, une fois le langage apparu au cours de l'évolution humaine, notre connaissance et son développement, ainsi que notre voie d'évolution, ont dépendu de la culture. Comme Peter J. Richerson et Robert Boyd l'ont souligné, la culture est à mettre directement sur le même plan que l'environnement ou l'éconiche. J'y reviendrai plus loin[1].

J'ai déjà suggéré que le cerveau humain est un système sélectionniste, et non instructionniste. Le cerveau d'*Homo sapiens* a évolué très rapidement jusqu'à prendre sa taille actuelle ; de l'Australopithèque, il y a trois millions et demi d'années, jusqu'aux humains d'aujourd'hui, sa grosseur a triplé. Ce qui a le plus contribué à cet élargissement, c'est la croissance du cortex préfrontal, la partie du cerveau qui est essentielle au jugement et à la planification. L'évolution des connexions réentrantes a fourni aux cerveaux des vertébrés, des mammifères et finalement des humains le plus important principe d'organisation pour l'acquisition de connaissances. Dans la mesure où une grande partie du développement du cerveau est stochastique et épigénétique – c'est-à-dire fortement influencée par le fait que les neurones qui s'allument ensemble se branchent ensemble –, deux cerveaux, même ceux de jumeaux, ne sont jamais identiques. Ainsi, pour analyser la structure et le fonctionnement du cerveau humain, les détails de son histoire doivent être pris en compte, d'abord au cours de l'évolution, puis durant le développement cérébral individuel.

Les modifications épigénétiques survenant dans la formation des cartes cérébrales sont fortement affectées par les signaux qui émanent du corps et de l'environnement. C'est vrai pendant le développement fœtal comme durant le développement qui fait suite à la naissance. Par exemple, le système proprioceptif du fœtus humain à la fin de la grossesse distinguera les mouvements qu'il engendre lui-même et ceux qui sont imposés de l'extérieur. Après la naissance et durant la croissance du bébé, d'énormes changements sélectionnistes se produiront au sein des populations synaptiques du système nerveux central. Ces changements atteignent leur point culminant dans les périodes critiques du développement. Nous trouvons par exemple des modifications dans les toutes premières années lorsque les signaux venant des deux yeux donnent lieu à des colonnes de dominance oculaire, structures répondant à des entrées issues de l'œil gauche ou droit, ce qui permet la vision binoculaire. Plus tard, tandis que l'adolescence approche, l'aptitude à apprendre de multiples langues, ce qui était auparavant facile, semble diminuer. Ces deux changements s'accompagnent d'altérations importantes dans la distribution et la force des connexions synaptiques. Même après que les grandes lignes de la neuroanatomie adulte se sont établies, les frontières des cartes corticales peuvent changer de façon dynamique, selon les entrées issues du corps et de l'environnement. Les cartes somatosensorielles du cortex cérébral qui médiatisent le toucher représentent à cet égard un exemple classique. Un surcroît d'entrées venant des récepteurs de doigts spécifiques non seulement se traduira par l'expansion des aires somatosensorielles du cortex qui répondent aux entrées de ces doigts, mais modifiera aussi les frontières pour toute la main[2]. Ainsi, par exemple, les cartes corticales répondant aux entrées de la main gauche des violonistes sont considérablement étendues.

Cette vision dynamique et historique du développement cérébral s'accorde avec la théorie de la sélection des groupes de neurones. Si je l'ai présentée brièvement ici, c'est pour souligner la nature plastique du développement du cerveau. Il ne s'arrête jamais jusqu'à notre mort. Non seulement la structure fine de chaque cerveau est unique, mais les principes du darwinisme neural mènent directement à la notion de dégénérescence : différentes structures cérébrales peuvent assurer la même fonction ou donner les mêmes sorties.

Qu'impliquent ces observations d'un point de vue épistémologique ? Premièrement, les caractéristiques historiques, épigénétiques et dégénérées du très complexe cerveau humain dépendent des entrées corporelles et environnementales, et surtout de l'action. Dans la formulation originelle de la théorie de la sélection des groupes de neurones, il était indiqué que la catégorisation perceptuelle elle-même dépendait de ce qu'on appelle des encartages globaux. Ce sont des structures complexes composées à la fois d'entrées et de sorties sensorielles et motrices. La théorie stipule que les systèmes sensoriel et moteur sont tous deux nécessaires pour développer les catégories de la perception.

Deuxièmement, la notion de réentrée, essentielle pour le développement et le fonctionnement du cerveau, met l'accent non seulement sur l'action, mais aussi sur l'interaction entre les aires du cerveau. Dans un cerveau sélectionniste, la mémoire, l'imaginaire et la pensée elle-même dépendent tous du fait que le cerveau « se parle à lui-même » de façon réentrante.

Troisièmement, en appliquant les principes du darwinisme neural, on peut résoudre les mystères qui entourent la conscience et ainsi développer les fondements d'une épistémologie naturalisée. La conscience est apparue au cours de l'évolution des vertébrés lorsque les connexions réentrantes au sein du système thalamocortical se sont mises à relier les systèmes de mémoire antérieurs, qui traitent des valeurs, aux systèmes corticaux plus postérieurs, qui sont dédiés à la perception. Il en est résulté une augmentation énorme du pouvoir de discrimination dû à la myriade d'intégrations entre les circuits réentrants qui forment ce noyau dynamique. Les qualia, entraînées par ces interactions neuronales, représentent ces diverses discriminations. Les animaux équipés de telles structures cérébrales de discrimination dynamique ont bénéficié d'un avantage évident, en particulier pour planifier leurs réponses adaptatives en matière de collecte de nourriture, d'accouplement et de défense.

Quatrièmement, puisque ce sont des systèmes sélectionnistes, les cerveaux opèrent de prime abord non par logique, mais plutôt par reconnaissance de structures. Ce processus n'est *pas* précis, comme le sont la logique et les mathématiques. Il renonce à la spécificité et à la précision, si nécessaire, pour augmenter sa portée. Il est probable, par exemple, que la pensée humaine précoce procédait par métaphore, ce qui, même avec l'acquisition par la suite de moyens précis comme la pensée logique et mathématique, continue à représenter une source majeure d'imagination et de créativité au cours de la vie adulte[3]. La capacité métaphorique de relier des entités disparates dérive des propriétés associatives d'un système réentrant dégénéré. Les métaphores ont un pouvoir allusif remarquablement riche mais, à la différence d'autres tropes comme la comparaison, on ne peut ni les prouver ni les nier. Pour autant, elles constituent un puissant point de départ pour les pensées qui doivent être raffinées par d'autres moyens comme la logique. Leurs propriétés sont assurément cohérentes avec le mode d'opération d'un cerveau sélectionniste formateur de structures.

Non seulement chaque cerveau est unique, mais les entrées sensorielles venues de l'environnement et les sorties motrices de l'animal ne sont jamais identiques à différentes occasions. C'est ce qui exclut tout modèle mécanique du cerveau et de l'esprit. Il faut que la mémoire soit une propriété de système dynamique et recatégoriel, et non un stockage figé de toutes les variantes d'une scène, par exemple une pièce familière visitée en de multiples occasions.

Une question plus essentielle tient au fait que les cerveaux sélectionnistes doivent nécessairement opérer dans le cadre de contraintes imposées par les systèmes de valeur. Ce sont, dans le cerveau, des structures héritées de l'évolution qui établissent ce qui est frappant, les punitions et les récompenses. Comme nous l'avons déjà discuté, les systèmes de valeur consistent en réseaux neuraux ascendants et dispersés qui modulent les réponses synaptiques en libérant en abondance des neuromodulateurs ou neurotransmetteurs. Exemple : le système situé dans les ganglions de la base et le tronc cérébral, qui libère de la dopamine. La libération de dopamine pendant un entraînement est essentielle à l'anticipation d'actes qui récompensent.

Bien que ce type de systèmes de valeur soit essentiel, ils contraignent seulement les actions et la catégorisation perceptuelle. La valeur n'est pas une catégorie ; la catégorisation doit être effectuée par le biais de chaque comportement individuel. Le lien entre ces notions et la question de l'émotion et de ses effets sur la connaissance est plus ou moins direct. L'épistémologie traditionnelle ne s'intéresse que rarement à des problèmes comme l'émotion, sauf de façon oblique lorsqu'elle traite des aspects normatifs de la justification. Au contraire, dans le cadre de la neuroépistémologie, le mécanisme proposé pour la conscience par la théorie de la sélection des groupes de neurones est universel : il s'applique à toutes les réponses discriminatoires, qu'elles impliquent la perception, l'imaginaire, la mémoire, le sentiment et l'émotion ou encore le calcul mathématique. Dans de nombreux cas, ces processus interagissent. L'action du cerveau ne peut, du moins quant à son issue, être considérée comme un processus détaché de calcul mécanique s'effectuant en l'absence d'émotion.

Si ce tableau des principes sous-jacents à la neuro-épistémologie est correct, les modes de présentations anciens de la pensée sont par nature riches en associations, mais relativement imprécis. Comment alors former les concepts plus précis dont nous avons besoin à des fins scientifiques ? *Quid* de la logique et des mathématiques, qui impliquent toutes les deux la précision nécessaire à l'élargissement de notre savoir et de notre compréhension ?

Toute tentative pour répondre à ces questions doit aborder le problème du langage. C'est le cas de l'épistémologie traditionnelle, qui raisonne en grande partie en termes propositionnels ou séquentiels. C'est aussi un problème qu'on ne peut éviter si l'on considère le développement réel de la connaissance et des concepts durant l'histoire humaine. J'ai déjà discuté de l'apparition de la conscience supérieure et de son accélération après l'émergence de la syntaxe et d'un lexique. La capacité à développer des concepts du passé et de l'avenir, ainsi qu'à acquérir un soi social dépend très fortement de l'acquisition du langage.

Nous formons la seule espèce dotée d'un langage fondé sur une syntaxe. De nombreux chercheurs ont suggéré que le langage est un trait dû à l'évolution biologique ; certains ont même proposé de penser que nous possédons un dispositif spécifique d'acquisition du langage ; nous en aurions hérité et il nous permettrait d'effectuer et de reconnaître des déclarations correctes quant à la syntaxe[4]. La théorie de la sélection des groupes de neurones rejette cette conception. Il est sûrement vrai que certaines régions cérébrales ainsi que certaines structures corporelles telles que les cordes vocales et l'espace situé au-dessus ont évolué afin de permettre la production et la reconnaissance de sons vocaux. Il est aussi évident que les portions du cerveau qu'on appelle les ganglions de la base étaient déjà capables d'aider le cortex à réguler et à reconnaître des séquences d'actes moteurs. L'interaction des ganglions de la base avec les aires motrices, sensorielles et préfrontales du cortex a pu donner lieu à une capacité généralisée de détecter les séquences sensorimotrices, formant ainsi une sorte de « syntaxe de base ». Le cas échéant, un langage vrai fondé sur une syntaxe est apparu, invention s'appuyant sur des capacités déjà évoluées.

Quoi qu'il en soit, la possession du langage, compte tenu de ses effets sur la transmission culturelle, a évidemment conduit à une énorme expansion du pouvoir conceptuel. Bien que l'expansion linguistique et les pouvoirs associatifs de la métaphore puissent donner lieu à la poésie et à l'imagination, le langage rend aussi possible le développement de la logique. Celle-ci peut avoir eu pour origine des événements cérébraux liés à la persistance ou à la disparition d'objets, au développement de conditionnements opérants et aux conséquences acquises d'actes moteurs. En termes séquentiels, elle permet aussi aux tenants de l'épistémologie naturalisée comme Quine de définir la vérité par la notion de décitation, due à Alfred Tarsky : « La neige est blanche » est vrai si et seulement si la neige est blanche[5]. Quand la logique est développée sous sa forme la plus raffinée, elle est des plus générale :

les inférences vraies tirées de phrases caractéristiques de la logique prédicative de premier niveau sont indépendantes de toute substitution lexicale.

Le cas des mathématiques et de leur relation au langage est encore plus délicat que celui de la logique. Le langage est-il nécessaire pour que se développe l'arithmétique ? La position voulant qu'il le soit est connue sous le nom de conception whorfienne forte, d'après le linguiste Benjamin Whorf[6]. Des données empiriques montrent que des bébés ne parlant pas et des primates non humains ont la capacité de traiter avec précision des ensembles contenant de un à quatre membres. De plus, des études menées sur le peuple munduruku, au Brésil, ont révélé que leur langue ne possède pas de mots pour désigner les nombres supérieurs à cinq. Bien que ces Indiens ne parviennent pas à compter au-delà de cinq, ils peuvent comparer et « additionner » de grandes collections d'objets. Ces découvertes semblent exclure l'hypothèse whorfienne forte, car cette aptitude à effectuer des approximations numériques se manifeste en l'absence d'outil linguistique. On a suggéré que cette capacité pourrait requérir l'activité de certains neurones du cortex pariétal, en particulier situés dans les sulci intrapariétaux (fissures cachées séparant les couches du cortex pariétal). Même si cette proposition a été remise en cause, on a découvert des neurones associés à la quantité numérique dans le cortex préfrontal et pariétal de macaques.

Ces résultats de recherche suggèrent l'idée que, même si le langage n'est peut-être pas essentiel aux débuts de l'arithmétique, il joue un rôle dans l'apparition ultérieure du comptage exact et de l'arithmétique durant le développement de l'enfant. Même si les Mundurukus ne comptent pas, les enfants occidentaux de 3 ans environ apprécient soudain que chaque mot servant à compter se réfère à une quantité précise[7]. On pourrait ainsi opter pour une hypothèse whorfienne « faible », même si cela aussi a été remis en cause et si d'autres analyses seront nécessaires. Le grand mathématicien allemand Leopold Kronecker disait : « Les nombres naturels sont les seuls qui existent à coup sûr. Ils nous ont été donnés par le Tout-Puissant. Tout le reste est l'œuvre de l'homme[8]. » Vu ce que nous avons commencé à comprendre, le don initial n'était peut-être limité qu'aux nombres trois ou quatre.

Qu'est-ce qui ressort de ce bref examen des diverses approches en vigueur dans le domaine de la théorie de la connaissance ? Ce que nous avons vu jusqu'à présent, c'est que la pensée précède le langage. Mais une fois qu'il est entré en jeu, une explosion de pensées possibles se produit ; on est alors tenté d'identifier les pensées et les croyances, et même parfois le savoir, à des propositions et seulement à des propositions. L'épistémologie traditionnelle a cédé à cette tentation. Soucieuse de valider la croyance vraie, elle tombe dans un jeu de langage. Son but est noble et ambitieux, mais elle est fondée sur un petit nombre de présupposés quant aux moyens par lesquels nous pensons et interagissons avec le monde. Ses modèles reposent sur le fondationnalisme cartésien (qui postule un receveur dissocié des instructions ou informations) ou bien sur un mélange kantien d'idées *a priori* et *a posteriori* ; ils ne semblent pas cadrer avec les faits. Procédant sans se référer à la connaissance et à l'expérimentation scientifiques, l'épistémologie traditionnelle ignore comment la connaissance se développe en réalité.

La suggestion de Quine visant à naturaliser l'épistémologie traite ce problème. En limitant sa portée aux récepteurs de surface et à la physique, elle exclut toutefois de considérer directement l'intentionnalité – à savoir l'idée que la conscience porte en général sur des objets, même s'ils sont inexistants. Mais l'intentionnalité est un aspect essentiel de la façon dont nous acquérons des connaissances. L'analyse de la conscience au moyen de la théorie étendue de la sélection des groupes de neurones propose au contraire d'étendre la vision naturalisée pour rendre compte non seulement de l'intentionnalité, mais aussi de la relation entre la causalité physique et l'expérience consciente. En considérant les systèmes de valeur qui ont évolué de telle sorte qu'ils pèsent sur les systèmes sélectionnistes tels que le cerveau, cette théorie peut aussi faire le lien entre l'expérience émotionnelle et la connaissance.

Si développer une neuroépistémologie est la bonne manière de procéder, qu'admet-elle et à quoi peut-elle prétendre ? La neuroépistémologie prend en compte les sources hétérogènes de la connaissance. Elle admet la primauté de la sélection naturelle, mais elle ne tente pas d'expliquer le comportement seulement en termes évolutionnistes. Elle souligne plutôt les origines épigénétiques de la structure et de la dynamique du cerveau. Dans cette perspective, le développement du cerveau dépend de l'action dans le monde et, par conséquent, chaque cerveau est unique. La reconnaissance de structures par le cerveau précède la logique, et la pensée précoce est créative en ce qu'elle met en œuvre des processus proches de la métaphore. Ils ne sont d'ailleurs pas exempts de sentiment. Les contraintes liées aux systèmes de valeur essentiels pour l'évolution du comportement adaptatif font de l'expérience émotionnelle un accompagnement nécessaire de l'acquisition de la connaissance, même après que la logique et l'analyse formelle sont venues se surajouter aux étapes ultérieures.

Cette position nous aide à comprendre l'origine de la catégorisation perceptuelle, des concepts et des pensées fondés sur les interactions entre le cerveau, le corps et le monde. Elle nous fait mieux comprendre des processus tels que l'imaginaire et la mémoire, qui sont essentiels pour acquérir des connaissances. Enfin, en fournissant un modèle testable de la conscience, elle clarifie la relation entre la physique et la pensée consciente.

Pour aller au-delà des limites étroites de l'épistémologie traditionnelle, la neuroépistémologie doit prendre en compte les idées apportées par l'analyse des illusions, des rumeurs et des troubles neuropsychologiques, qui tous conduisent à des distorsions dans la connaissance. Les avancées en neurosciences promettent de faire la lumière sur ces champs, qui seront envisagés dans les chapitres suivants.

Si puissante soit la science du cerveau, elle comporte toutefois des limites. L'exploration détaillée de la façon dont fonctionne le cerveau en est encore à ses débuts. De plus, notre compréhension de la façon dont le cerveau rend possible le langage en est au stade de l'enfance. Le langage, qui est sans doute l'outil le plus puissant pour l'élaboration du savoir, à la fois rend possible et complique les choses. Je hasarderai une remarque : même si nous pouvions enregistrer précisément et analyser l'activité de millions de neurones du cerveau quand un individu formule une phrase, nous ne pourrions préciser le contenu de cette phrase en nous référant seulement à cet enregistrement neural. L'idée que nous pourrions développer un « cérébroscope » capable de le faire est battue en brèche par la complexité et la dégénérescence de chaque cerveau, ainsi que par son histoire causale unique. Pour autant, grâce aux recherches neuroscientifiques, nous serons certainement capables de développer d'importantes généralisations quant à la manière dont nous acquérons des connaissances[9].

L'application directe de la neuroépistémologie connaît une autre limite, liée celle-ci aux questions de normes dans les diverses cultures. Nous devons éviter l'illusion naturaliste et concéder que le « devoir » ne dérive pas de l'« être[10] ». À la nature, nous ajoutons les produits de notre seconde nature[11]. Une explication scientifique parfaitement réductionniste de cette nature, de son éthique et de son esthétique n'est ni désirable ni à venir. Les facteurs culturels jouent un grand rôle pour déterminer les croyances, les désirs et les intentions. Comme Richerson et Boyd l'ont souligné, l'évolution s'accompagne de la coévolution de la culture, qui apporte un moyen relativement rapide et puissant de changement affectant les bases du savoir, du sentiment et du comportement[12].

Enfin, il nous faut reconnaître qu'il existe différentes sortes de vérité. La science est concernée par la vérité vérifiable. La vérité mathématique repose sur des preuves formelles et des tautologies. Quine définit la vérité logique comme un ensemble de phrases dont nous ne tirons une vérité que si nous substituons d'autres phrases à ces phrases simples. Les vérités historiques sont plus dures à établir, puisqu'elles dépendent d'événements uniques pris dans des situations complexes. Les tests établissant ce type de vérités sont multiples, mais dans le cas de la science, ils peuvent être validés (si tant est que ce soit possible) par des prédictions ou, comme l'indiquait T. H. Huxley, par un processus de « prophétie rétrospective » – à savoir l'analyse d'indices semblable à celle qui a été rendue célèbre par les inférences de Sherlock Holmes[13].

Où en est donc l'épistémologie face à tous ces malaises ? Considérer qu'elle est morte me semble excessif. Et pourtant, même si nous admettons que la science empirique peut lui offrir un refuge, nous devons reconnaître que notre connaissance de la connaissance comporte de grands blancs. Même si nous sommes d'accord pour dire que donner une base scientifique à l'épistémologie serait ce qu'il y a de mieux, nous devons aujourd'hui opter pour une approche mixte. C'est une position plus humble et plus prudente que la posture traditionnelle, mais il me semble qu'elle est plus fructueuse et révisable.

Sur ces bases, nous pouvons maintenant aborder certaines coupures graves survenues dans les formes de la connaissance humaine et envisager comment les réparer.

Chapitre 7

# *Les formes de la connaissance*

## LE DIVORCE ENTRE LES SCIENCES ET LES SCIENCES HUMAINES

> « Deux choses emplissent l'esprit de toujours plus d'émerveillement et d'admiration – les cieux étoilés au-dessus de moi et la loi morale en moi. »
>
> Emmanuel KANT

Notre discussion de la neuroépistémologie nous a amenés à reconnaître qu'il existe diverses formes de vérité et différents critères pour en valider chacune. Outre la vérité vérifiable qu'on atteint au moyen de l'investigation scientifique, on trouve la vérité logique et mathématique ; et puis, il y a la vérité établie par les écrits historiques et les tribunaux. De nombreuses philosophies ont traité des formes de vérité, de l'idée de jugement synthétique *a priori* aux analyses en profondeur de l'induction, de la déduction et de la preuve mathématique.

La position que j'ai adoptée consiste à dire que la naturalisation de l'épistémologie doit non seulement rendre compte de la vérité scientifique, mais aussi des origines biologiques des autres formes de vérité dans la pensée et la conscience humaines. À ce stade, je tiens à aborder la coupure déjà ancienne entre les sciences et les disciplines littéraires, ainsi que ce qu'on appelle les sciences humaines. Après avoir retracé les origines de ce divorce, je proposerai une approche permettant de le résoudre qui est cohérente avec une théorie du cerveau scientifiquement fondée. Avant cela, je dois préciser que lorsque j'utilise le mot « science », je me réfère spécifiquement à la science occidentale, dont les origines remontent au XVII^e siècle. Bien sûr, on peut trouver les traces de recherches scientifiques en Égypte ancienne, dans la Grèce antique et même pendant les sombres années du Moyen Âge[1]. Mais la coupure dont je parle est apparue en germe avec Galilée et Descartes, et elle a été explicitement formulée par l'historien de la philosophie Giambattista Vico dans les premières décennies du XVIII^e siècle[2].

L'historien Isaiah Berlin fait remonter à Vico le divorce entre les sciences et les disciplines littéraires. Cette figure assez peu connue a remis en cause les vues de Descartes et nié que les êtres humains possédaient une essence inaltérable. Ce sont les humains qui font leur histoire, selon Vico, et ils comprennent leurs actes d'une façon différente de celle dont ils comprennent la nature extérieure. Notre savoir acquis « de l'intérieur », notre « seconde nature », diffère donc de celle que nous développons en observant le monde extérieur. S'opposant à la vision des Lumières – laquelle postule qu'un même ensemble de principes s'applique à toute la connaissance –, Vico a critiqué les prétentions totalisantes de la méthode scientifique nouvelle. Comme l'indique Berlin, un grand débat a alors commencé, « dont nous ne voyons pas encore la fin[3] ».

Les idées de Vico n'ont été connues que bien après sa mort en 1744 ; elles remettaient en question l'idée qu'il n'existait qu'un seul ensemble de méthodes pour établir la vérité. Depuis l'époque de Bacon et Descartes jusqu'au temps présent, une tradition de pensée défend, au contraire de Vico, l'idéal d'un système unifié des sciences, naturelles et humaines. Plutôt que de dresser la liste de tous les penseurs soutenant cette conception (dont les plus connus reprennent l'idéal des Lumières), je mettrai tout d'abord l'accent sur l'autre courant de ce débat, celui qu'on peut faire remonter à Vico. Puis, j'opposerai cette vision aux vues défendues par certains défenseurs modernes d'une science réduite ou unifiée.

Une figure clé de cette position est le penseur et philosophe allemand Wilhelm Dilthey, qui considérait que la compréhension des êtres humains était affaire d'interprétation, ce qui ne laissait pas place à l'idée de cause physique[4]. Dans ses travaux datant d'avant 1900 (il est mort en 1911), Dilthey rejetait l'idée que les humains étaient essentiellement rationnels ; au lieu de cela, ils manifestaient de la volonté, des sentiments et de la pensée, selon différentes combinaisons. Il rangeait la psychologie, la philosophie et l'histoire parmi les *Geistwissenschaften*, les sciences humaines. Il convenait de les distinguer des *Naturwissenschaften*, ou sciences naturelles, qui s'intéressaient au monde physique.

D'une façon assez proche du programme de Vico, Dilthey affirmait que la psychologie descriptive était à la base des sciences humaines. Plus tard, il révisa cette conception pour y inclure l'histoire humaine elle-même, en particulier dans son contexte sociohistorique. Ses positions reposaient essentiellement sur la notion d'herméneutique, à savoir l'étude de l'interprétation et de ses conditions au sein d'une culture historique.

De nombreux philosophes modernes ont soutenu tel ou tel aspect des idées propres à ce courant. Mais celui-ci a eu aussi d'autres affluents. L'un d'eux traite des différences entre science et religion et, plus récemment, des « guerres des sciences » ; c'est ainsi que les postmodernistes ont suggéré la position extrême selon laquelle la science ne peut aucunement prétendre à l'objectivité, mais qu'elle est tout simplement un mode parmi d'autres de regard sur les choses ; ses prétentions à la vérité ne seraient donc en rien supérieures à celles d'autres modes.

Au lieu de suivre en détail ces aspects du débat, je voudrais faire une suggestion qu'on doit envisager si l'on veut réconcilier les diverses vues propres à chaque camp. Il me semble que, si l'on conserve le dualisme de Descartes, il doit *nécessairement* y avoir coupure – entre les sciences humaines du côté de la *res cogitans* (les choses pensantes) et les sciences naturelles du côté de la *res extensa* (les choses étendues). Cela peut paraître curieux, car Descartes pensait fonder toute la connaissance en commençant par la *res cogitans*. Mais Vico a rejeté la position cartésienne[5]. Et en exposant ma conception de la conscience, j'ai déjà exposé le rejet du dualisme cartésien. Selon une interprétation, on pourrait affirmer que William James aussi rejetait le dualisme des substances, puisqu'il niait que la conscience était une entité ou une chose et suggérait plutôt que c'était un processus dont la fonction était de connaître[6].

Les tendances et dilemmes qui sont nés de cette coupure ont conduit certains penseurs à défendre des positions extrêmes, ainsi qu'à effectuer des observations pénétrantes. Le philosophe Alfred North Whitehead s'intéressait beaucoup à la question et a bâti autour toute une métaphysique – la philosophie de l'organisme[7]. Plus tard, le débat a éclaté lorsque C. P. Snow a écrit qu'il existait deux cultures ou groupes polarisés : les intellectuels littéraires contre les scientifiques[8]. Sans donner dans de telles extrémités, le physicien Erwin Schrödinger a souligné le fait curieux que les grandes théories de la physique ne contenaient pas de sensations ou de perceptions et ne portaient pas sur elles, mais qu'elles les présupposaient simplement[9].

Du côté de la science, des positions extrêmes ont été adoptées avec autant d'énergie que celles exprimées par les historiens et les herméneutes. Par exemple, les écoles de psychologie dérivées de John B. Watson et B. F. Skinner ont mis en avant la notion de behaviorisme, à savoir qu'il fallait rejeter toute explication mentaliste[10]. Certains, tels Skinner, ont admis des événements mentaux, mais nié l'existence de causes mentales. Ces dix dernières années, une conception, dite du matérialisme éliminatif, est apparue qui soutient réellement qu'il n'existe pas d'événements ni de processus mentaux[11].

Une autre école de pensée philosophique, le positivisme logique, a suggéré que la science était la seule forme légitime de connaissance. Toute connaissance devrait se référer à la logique et aux mathématiques ou bien à d'autres connaissances empiriques. Toute assertion sortant de ce cadre n'était ni vraie ni fausse, mais dépourvue de sens. Malheureusement, il n'existait aucun moyen de montrer que les présupposés de cette école de pensée pouvaient satisfaire les critères du sens. Certains des penseurs appartenant à ce qu'on a appelé le cercle de Vienne, qui a été à l'origine du positivisme logique, espéraient formuler une science complètement unifiée. L'espoir d'Otto Neurath, par exemple, était de donner à la sociologie un statut scientifique solide, mais il n'a jamais réalisé ce rêve[12]. Pour autant, certaines de ses idées étaient proches de l'idée plus tardive d'épistémologie naturalisée, selon Quine.

Deux autres tentatives allant dans le sens du réductionnisme scientifique sont apparues sur le devant de la scène récemment. La plus ambitieuse dérive de la physique théorique ; c'est l'espoir de bâtir ce qu'on appelle une théorie de tout, la quête d'une description formelle (essentiellement mathématique) qui unifierait les quatre forces de la nature – l'électromagnétisme, la force faible, la force forte et la gravité[13]. Certains ont affirmé que, avec la théorie des cordes, nous serions sur le point de parvenir à cet objectif. Malheureusement, il n'existe présentement aucune forme vérifiable d'une telle théorie et, en tout cas, elle n'inclurait certainement pas, au sens de Schrödinger, une explication des sensations et des perceptions nécessaires pour la comprendre.

Une autre forme de réductionnisme extrême, fondé sur la biologie plutôt que sur la physique, a été développée par E. O. Wilson[14]. Il affirme qu'une fois que nous comprendrons ce qu'on appelle les règles épigénétiques d'après lesquelles le cerveau se forme et fonctionne, nous serons capables de réconcilier tout le comportement humain, y compris le comportement normatif, en appliquant ces règles. Ainsi, Wilson prétend que même l'éthique et l'esthétique se prêteront à cette analyse réductive qu'il appelle « consilience ». Ce terme a été repris par Wilson à William Whewell, qui l'a utilisé dans *The Philosophy of Inductive Science* (1840). Whewell entendait par là l'assemblage des faits et théories relevant de différentes disciplines pour créer un terrain commun d'explication.

Wilson déclare : « Étant donné que l'action humaine enveloppe des événements relevant de la causalité physique, pourquoi les sciences sociales et les disciplines littéraires devraient-elles être imperméables à la consilience avec les sciences naturelles ? [...] Rien de fondamental ne sépare le cours de l'histoire humaine de celui de l'histoire physique, que ce soit dans les étoiles ou au sein de la diversité organique[15]. »

L'extrémisme de cette position et de celles de l'autre camp plaide en faveur de la modération et d'une forme différente de réconciliation, vers laquelle je voudrais maintenant me tourner. Au cours de cette tentative, je m'étendrai sur certaines des affirmations que j'ai esquissées brièvement dans la présentation qui précède.

Chapitre 8

# *Réparer la faille*

> « L'art est objectivation du sentiment et subjectivation de la nature. »
>
> Susanne K. LANGER

Pouvons-nous résoudre les problèmes qui ont donné les positions réductionnistes extrêmes du côté des sciences et la phénoménologie, l'herméneutique et l'humanisme triomphant du côté des lettres et des sciences humaines ? Pouvons-nous réparer la faille entre ces deux camps ? Comme je l'ai dit auparavant en examinant la position cartésienne, l'incapacité à naturaliser la conscience a représenté un obstacle à cet égard. Mais c'est désormais devenu possible, et les neurosciences attestent de plus en plus du fait que nos capacités cognitives relèvent de la nature et résultent de l'évolution. Il est clair que ces aptitudes ne procèdent pas de la logique ou de la computation, mais qu'elles sont liées à diverses fonctions cérébrales : la perception, la mémoire, le contrôle du mouvement, les émotions et la conscience elle-même.

Le cerveau lui-même est apparu durant l'évolution à la faveur d'une série d'événements qui ont impliqué des accidents historiques. Puisque le cerveau humain et ses productions se sont développés dans un contexte historique, on pourrait dire que retracer ce développement doit dans une certaine mesure se prêter à la même méthodologie que celle que les historiens utilisent pour rendre compte du changement social ou des batailles. C'est vrai jusqu'à un certain point. La théorie de la sélection naturelle, parce qu'elle est sous-tendue par la génétique moléculaire et la paléontologie, permet toutefois une analyse historique du cerveau humain qui est un peu plus cohérente que la plupart des descriptions des relations humaines en temps de paix ou de guerre.

Dans l'un de ses articles, Isaiah Berlin dit clairement que le concept d'histoire scientifique est intenable, et ce pour diverses raisons[1]. Premièrement, à la différence de la science, l'histoire ne peut se décrire en termes de lois générales. Cela ne veut pas dire que les historiens ne s'appuient pas sur des propositions générales. Ils se fondent sur des faits nombreux et sur la texture générale de l'expérience, ce qui implique souvent le sens commun. En général toutefois, les modèles qui sont si nombreux en science leur font défaut. De plus, la méthode logique et hypothético-déductive qui est centrale en science ne s'applique pas souvent aux événements historiques[2]. Même si l'on peut revendiquer une telle approche dans certaines sciences humaines comme la sociologie et l'économie, elle n'est pas aisée à appliquer en histoire. Si la science se préoccupe de similitudes et de lois, l'histoire se soucie tout autant d'événements uniques et de différences qui dépendent souvent de croyances, de désirs et d'intentions au sein d'une culture donnée[3]. Quand il s'agit des affaires humaines, le chercheur ou l'interprète doit se placer au sein même de ces attitudes propositionnelles. L'histoire générale est un mélange d'éléments disparates qu'on peut étudier à l'intérieur de différentes disciplines, mais pas en termes de loi générale. De plus, des éléments normatifs liés à la morale et à l'esthétique entrent en jeu dans les descriptions historiques. Ces problèmes constituent un défi pour l'historien qui a à comprendre et interpréter des événements survenus dans une culture différente de la sienne.

Isaiah Berlin affirme que l'histoire et les sciences représentent des types différents de connaissance. Il exprime cette différence en opposant la vision d'un observateur extérieur à celle d'un acteur, ainsi que la cohérence et l'interprétation. Alors que le bon historien doit être capable de décrire les faits et gestes de personnes dans leurs multiples dimensions, les scientifiques, de leur côté, ne dépendent pas du contact avec l'expérience humaine commune pour se livrer à leurs généralisations. L'histoire, selon Berlin, n'est pas et ne peut être une science.

Parfois, des historiens ont à titre individuel tenté de généraliser l'interprétation historique. Cela a donné des résultats qui peuvent sembler ridicules. Songez par exemple aux efforts menés par Brooks Adams, le frère de Henry Adams. Dans un livre intitulé *The Law of Civilization and Decay* (« La loi de la civilisation et de la décadence »), il a tenté d'interpréter l'histoire en termes de croissance et de déclin du commerce, ce qui a donné des résultats fort peu satisfaisants[4]. Plus récemment, on a pu noter les grands efforts accomplis par Oswald Spengler et Arnold Toynbee, dont les deux synthèses sont tombées aux oubliettes. Même Vico, qui voyait dans les étapes culturelles de l'histoire celles des dieux, des héros et des hommes, a succombé à ce genre de généralisation indue[5].

Toutes les tentatives pour décrire et reconstruire les événements passés ne sont pas si grandioses ou si vaseuses. John Lewis Gaddis, par exemple, a proposé une excellente analyse de la méthodologie utilisée par les historiens[6]. Il est conscient des complexités contingentes, incomplètes et irréversibles qui caractérisent les événements historiques. Quand il décrit la façon d'aborder de tels événements, il critique à juste titre les analyses linéaires et trop simplistes émanant de nombreux spécialistes de sciences sociales. En fait, sa thèse est que la complexité de l'histoire ne peut entrer dans un modèle newtonien ; il rejette l'analyse historique réductionniste. Mais il suggère que ce que font les historiens est plus proche des procédures des scientifiques ! Et il asseoit cette idée sur les progrès accomplis par les scientifiques dans le domaine de la théorie de la complexité, de la théorie du chaos, des fractales et ainsi de suite, avancées qui, selon lui, ne sont pas si éloignées que cela de la méthodologie historique.

Malheureusement, cette analogie comporte plusieurs défauts. Premièrement, bien qu'on ait obtenu des résultats intéressants dans l'analyse des systèmes complexes, les scientifiques n'ont pas vraiment une image adéquate des processus loin de l'équilibre ou irréversibles. Nous manquons toujours des moyens adéquats de traiter réellement des processus à causes multiples où l'on ne peut discerner de variables indépendantes. Deuxièmement, les mesures effectuées dans des systèmes déterministes qui sont chaotiques sont toujours des mesures *physiques*. Bien que de petites erreurs initiales commises dans de telles mesures se propagent jusqu'à susciter du chaos, elles restent des mesures quantitatives. Les systèmes historiques sont rarement quantifiables de cette façon, si tant est qu'ils le soient. Pour autant, Gaddis persiste dans son analogie et est en désaccord avec Berlin. Or les méthodes des historiens qu'il a si brillamment résumées restent en grande partie qualitatives.

Gaddis soutient la thèse qui se défend selon laquelle il existe des sciences qui ont une coloration historique. Elles comprennent la cosmologie, la géologie, la paléontologie, l'écologie et l'anthropologie. Il est vrai que les scientifiques de ces domaines doivent prendre en compte les événements historiques et que la théorie de l'évolution et de la sélection naturelle doivent en traiter. (On pourrait considérer Darwin comme un historien !) De plus, du fait de leur complexité inévitable et de leurs limitations quant au matériel qu'ils utilisent, des champs comme la géologie et la paléontologie doivent faire avec des données incomplètes. Pour autant, des théories scientifiques puissantes *contraignent* ces champs – l'astrophysique pour la cosmologie, la tectonique des plaques pour la géologie et la sélection naturelle pour la biologie. Les historiens ne disposent pas de telles théories, sauf si l'on admet un pot-pourri de théories psychologiques peu fondées – analyse freudienne, modèles socio-économiques du comportement rationnel, et ainsi de suite. La discipline qui correspond peut-être le plus à la suggestion de Gaddis est l'écologie, où de multiples variables interagissent de façon récursive dans des environnements complexes. On pourrait en conclure qu'il est légitime de dire que l'écologie est une science molle. Mais l'écologie n'en rassemble pas moins tout un ensemble de théories scientifiques et de méthodes quantitatives contraignantes qui sont inaccessibles aux historiens.

Si l'on admet l'analyse de Berlin plutôt que celle de Gaddis, on peut se demander pourquoi les méthodologies et les objectifs de la science et de l'analyse historique diffèrent. La raison n'est pas difficile à trouver. Les événements historiques sont contingents, en général irréversibles et souvent uniques. Ils impliquent des problèmes de haut niveau liés à des idiosyncrasies culturelles, des ambiguïtés linguistiques et des contraintes morales ou esthétiques spécifiques. Alors qu'à titre personnel, un scientifique est nécessairement pris dans un tel tissu, son objectif est de surplomber ou de transcender les accidents de l'existence quotidienne et d'en tirer un ensemble de modèles et de lois dans le domaine sur lequel il travaille.

Cependant, ce qui est intéressant, c'est que ces lois en elles-mêmes ne font pas la science. Ce sont ceux qui mènent les expérimentations et formulent les hypothèses qui la font. La science elle-même, et clairement la science occidentale, est apparue dans un contexte historique particulier. Quels facteurs gouvernent l'apparition historique de la connaissance scientifique avec des hommes tels que Francis Bacon et Galilée, et jusqu'à aujourd'hui ?

Je crois que l'on peut formuler une réponse à cette question en envisageant comment le cerveau a évolué et comment il opère. Dans les premiers chapitres de ce livre, j'ai mentionné les données montrant que le cerveau et l'esprit sont un produit de la sélection naturelle. J'en ai conclu que le cerveau humain lui-même opère à la manière d'un système sélectionniste utilisant une grande variété de répertoires de circuits. Des sous-ensembles de ces circuits sont sélectionnés pour correspondre aux signaux issus du monde des événements complexes. Dans un chapitre, j'ai défendu l'idée que le cerveau n'est pas un ordinateur et que le monde n'est pas un fragment de bande enregistrée. En l'absence de signaux non ambigus, le cerveau doit établir des régularités de comportement sous la contrainte des systèmes de valeur innés et des événements perceptuels et mémoriels idiosyncrasiques. Chez les êtres humains, de tels systèmes et événements impliquent nécessairement des émotions et des biais.

Les cerveaux sélectionnistes eux-mêmes manifestent les effets de la contingence historique, de l'irréversibilité et de l'opération de processus non linéaires. Ils consistent en réseaux extrêmement complexes et dégénérés qui sont incarnés de façon unique dans chaque individu. De plus, les cerveaux humains fonctionnent fondamentalement en termes de reconnaissance de structures plutôt que de logique. Ils sont hautement constructifs pour établir des structures et en même temps constamment portés à l'erreur. On le voit dans les illusions de perception ainsi que dans les croyances de niveau supérieur. Mais comme le montre l'analyse de l'apprentissage, ils peuvent en général procéder à des corrections d'erreurs en réponse à des récompenses et à des punitions adaptées.

Si l'on considère les modes de pensée pratiqués par les cerveaux sélectionnistes, il existe un ensemble de relations entre la reconnaissance de structures et la logique qui sont à la fois en contraste et se renforcent[7]. Un mode précoce et fondamental de pensée, qui dépend beaucoup de la reconnaissance de structures, implique la métaphore. C'est un reflet de la portée et de l'associativité des réseaux extrêmement complexes et dégénérés du cerveau. Les productions de la pensée métaphorique peuvent se comprendre, mais pas se prouver, comme la comparaison ou les propositions logiques. Par exemple, si je dis : « Je suis au soir de ma vie », cet énoncé se comprend, mais il ne se prouve pas[8].

Le langage lui-même reflète l'aspect constructif et pourtant foncièrement ambigu et indéterminé de ce mode de pensée. Ces caractéristiques sont le résultat du troc entre spécificité et portée qu'on note dans les systèmes sélectionnistes, lesquels doivent nécessairement être dégénérés, sujet que j'aborderai au chapitre 10. Les divers répertoires de ce type de systèmes ne correspondent jamais parfaitement au contenu des domaines qu'ils doivent reconnaître. Mais une fois la sélection opérée sur toute une gamme de variantes, un raffinement peut se produire à mesure que la spécificité s'accroît. C'est le cas dans les situations où la logique ou les mathématiques peuvent s'appliquer. Nous en concluons que le prix à payer pour que la reconnaissance de structures réussisse dans la pensée créative est une dégénérescence initiale, de l'ambiguïté et de la complexité. Toutefois, dans les situations scientifiques, l'application de l'observation, de la logique et des mathématiques peut faire apparaître des lois ou du moins des régularités fortes. Dans le cas de l'analyse historique, le jugement qualitatif et l'interprétation sont en général le mieux que l'on puisse obtenir.

Même si toutes nos fonctions cérébrales et capacités cognitives sont contraintes par la physique et peuvent se comprendre comme des produits de la sélection naturelle, on ne peut réussir à traiter toutes ces capacités par réduction. Dans la perspective de réparer la faille entre sciences et disciplines littéraires et sciences humaines, la notion de consilience proposée par E. O. Wilson est intenable[9]. Il estime par exemple que les systèmes normatifs comme l'éthique et l'esthétique peuvent être réduits et s'expliquer par les règles épigénétiques du cerveau : cette idée ne cadre pas à la fois avec la nature de ces systèmes et avec la façon dont fonctionnent les cerveaux sélectionnistes. Comme David Hume le soulignait, le « devoir » ne résulte pas de l'« être ». Le nier, c'est céder à l'illusion naturaliste de G. E. Moore[10]. Si l'on envisage ce problème du côté du cerveau et de l'esprit, des règles épigénétiques ne peuvent recouvrir de façon satisfaisante la richesse, la complexité et l'histoire individuelle des réseaux dégénérés du cerveau. L'expérience consciente elle-même est faite de discriminations extrêmement complexes dans un espace supérieur de qualia, comme nous l'avons souligné ; chaque histoire individuelle et chaque ensemble d'événements cérébraux sont uniques. Même si l'intentionnalité et le comportement manifestent des régularités, elles sont variables, extrêmement riches et dépendent de la culture et de la langue. La subjectivité est irréductible.

Un élément revient périodiquement dans cette façon de rendre compte de notre façon d'acquérir des connaissances. Pour qu'il y ait science, il faut que de l'histoire agisse sur des cerveaux sélectionnistes. Cela permet de réduire certains événements physiques et chimiques à des lois générales. L'ordre du monde ou l'Univers suit des lois physiques. Le reste des événements individuels et historiques doit aussi suivre ces lois, mais on ne peut pleinement l'expliquer par elles ni l'y réduire[11]. Qu'ils soient irréductibles ou non, nous pouvons estimer que tous ces événements sont scientifiquement fondés sur l'ordre naturel. L'évolution des cerveaux et des esprits conscients résulte de la sélection naturelle, laquelle joue au sein d'un cadre régi par les lois physiques. L'enchaînement est donc clair : par suite de l'évolution d'*Homo sapiens*, l'apparition d'un langage et d'une conscience supérieure a permis le développement de la science empirique placée au service de la vérité vérifiable. L'application de la logique en relation avec le langage et l'observation du monde, ainsi que des mathématiques, comprises comme l'étude des objets mentaux stables, a encouragé en profondeur ces développements. Pour autant, ils sont intervenus au sein d'une matrice historique spécifique à laquelle on ne peut les réduire et qu'ils ne peuvent réduire. De plus, il n'y a pas contradiction dans le fait que les cerveaux sélectionnistes capables de conscience supérieure et de reconnaissance de structures peuvent créer des systèmes artistiques, esthétiques ou éthiques dans des conditions historiques et culturelles particulières. On peut en conclure qu'il n'y a pas logiquement et nécessairement divorce entre la science et les lettres et sciences humaines, mais seulement une relation tendue dans laquelle on admet que la science représente une base fondamentale, mais ni exhaustive ni exclusive pour fonder la connaissance.

Cette conception, qui représente le point de départ d'une neuroépistémologie, est considérablement plus vague que les développements rigoureux des problèmes épistémologiques dus aux différentes générations de philosophes. Cependant, il n'exclut pas ces développements rigoureux. Il est plutôt lié à leurs origines dans la sélection des groupes neuronaux et naturels. Au contraire des efforts menés par Quine dans le sens d'une naturalisation, la neuroépistémologie ne s'arrête pas à la peau et aux récepteurs sensoriels[12]. Elle englobe davantage que la perception. Elle est fondée sur l'analyse des états conscients au moyen du darwinisme neural. Ce sont en effet les soubassements neuraux de tels états qui rendent possible la connaissance humaine.

Il est bon de rappeler que, même si toute notre connaissance dépend de nos états conscients, ceux-ci sont nécessaires, mais pas suffisants pour la connaissance. Ils semblent posséder maintes caractéristiques des événements irréversibles, contingents et fugaces. Ils sont unitaires, mais ils changent de façon successive et dans de brefs intervalles de temps. Ils ont un contenu très large et ont accès à ce qui est conservé en mémoire et dans la connaissance. Ils sont modulés par l'attention. Surtout, ils reflètent des sentiments subjectifs et l'expérience de qualia. L'avantage pour l'évolution que présente l'apparition du noyau dynamique réentrant a permis à son détenteur un grand nombre de discriminations sensorimotrices. Les qualia représentent précisément ces discriminations, dues aux différents états du noyau. Ils peuvent représenter des vérités factuelles aussi bien que des illusions et, dans tous les cas, sont sujets aux contraintes liées aux systèmes de valeurs neuraux.

Compte tenu de ce tableau, cohérent avec le darwinisme neural, il n'est pas étonnant que l'expérience privée et les événements historiques externes aient en commun les propriétés de contingence et de nécessité. Les processus historiques sous-jacents ont des complexités qui défient toute réduction simple de l'expérience à une description scientifique. Il n'en reste pas moins cet événement remarquable : c'est la pensée au sein d'un tel système qui a donné lieu à la révolution scientifique et à la généralité des lois scientifiques. Il suffit de montrer comment, à la fois, la science et l'histoire peuvent être comprises d'après notre tableau du cerveau. Le divorce n'est pas un problème : les processus qui donnent naissance à notre compréhension enveloppent à la fois les sciences et les lettres et sciences humaines.

## Chapitre 9

# *Causalité, illusions et valeurs*

> « La réalité n'est qu'une illusion, mais c'est une illusion très persistante. »
>
> « La science peut seulement établir ce qui est, pas ce qui doit être ; hors de son domaine, des jugements de valeur de toutes sortes restent nécessaires. »
>
> Albert EINSTEIN

Toutes nos tentatives pour restituer et compléter l'arc galiléen ne doivent pas nous faire perdre de vue l'objectif de la science. Il est de posséder une description de la nature qui soit exempte de jugements de valeur, véridique et libérée des illusions. La science, comme le chimiste Jacobus Henricus van't Hoff l'a dit, c'est l'imagination au service de la vérité vérifiable[1]. Si l'on admet cette idée, on doit aussi reconnaître qu'il n'existe pas de contrainte nécessaire ou restrictive quant à la façon dont l'imagination s'exerce, pourvu que l'observation et l'expérimentation se prètent à une vérification.

Le fait de prendre la conscience comme cible de recherches scientifiques a une conséquence curieuse. On doit trouver des moyens d'analyse qui ne dévient pas de l'analyse causale à laquelle on recourt dans les recherches à la troisième personne. En même temps, on ne doit pas oublier que la conscience est à la première personne, manifeste de l'intentionnalité, reflète des croyances et des désirs, et est sujette à des illusions et anormalités voisines de celles que produit l'imagination créatrice[2]. Pour voir comment nous débrouiller face à cette situation, nous devons analyser les connexions causales de l'action cérébrale. Et nous devons ensuite concilier cette analyse avec l'existence d'illusions, qu'elles soient utiles ou non.

Premièrement, toutefois, faisons le point. Nous avons adopté la position selon laquelle, étant donné les propriétés sélectionnistes du cerveau humain, aucune réduction adéquate des sciences humaines aux soi-disant règles épigénétiques du cerveau n'est réalisable. Le cerveau opère en appariant de façon sélective ses répertoires non linéaires de variantes avec les événements nouveaux et non linéaires fournis par le monde et les signaux du soi. Avec l'avènement d'un vrai langage et d'une conscience supérieure, un nombre considérable de discriminations est devenu possible. La dégénérescence et l'associativité de ces discriminations s'accompagnent d'un ensemble encore plus énorme de combinaisons et de recombinaisons des états intégrés par le noyau dynamique. Ces états ne sont pas nécessairement véridiques et, en outre, ils sont souvent constructifs, contingents et dépendants du contexte.

Le mode de pensée qui résulte de ces opérations implique initialement la reconnaissance de structures et non la logique. Parce que la sélection qui s'accomplit dans ce système neural est contrainte par l'opération des systèmes de valeur innés et fondée, du point de vue des perceptions, sur la mémoire, ce système permet l'intentionnalité, les croyances, les désirs et les états émotionnels. Un tel système est autant sujet à des événements contingents venant de l'intérieur qu'à des contingences extérieures. Il peut manifester des états singuliers aussi bien que des régularités, et certains de ces états sont vécus comme privés, irréductiblement subjectifs.

Toutes ces propriétés s'expriment à un degré ou à un autre dans la pensée et le langage. À un stade précoce de la pensée, la métaphore peut dominer et, même après application de la logique, le langage est riche en expressions métaphoriques. De plus, comme Quine l'a souligné, le langage lui-même manifeste de l'indétermination pour ce qui est de la référence et de la traduction[3]. Cependant, l'ambiguïté inhérente au langage naturel n'est pas une faiblesse décisive. Au contraire, c'est la base du riche pouvoir combinatoire que nous reconnaissons aux constructions imaginatives. Ces propriétés sont précisément ce que l'on s'attend à voir résulter de l'opération d'un cerveau sélectionniste.

Des idées scientifiques apparaissent lorsque ce pouvoir est contraint par la logique, les mathématiques et l'observation contrôlée. Mais tout jugement ou pensée ne peut être réduit à la description scientifique. Le jugement normatif en éthique et en esthétique représente à cet égard un exemple clé. L'argument de Hume tient toujours : le « devoir » ne dérive pas directement de l'« être ».

Ces limites affectant la réduction scientifique ne signifient pas que l'activité consciente, le langage et ce qui a du sens dérivent des brumes de la *res cogitans*. Si l'on explique la base neurale de la pensée consciente, on peut en fait concilier l'apparence de toutes ces propriétés de la pensée avec la physique et la biologie. Il en résultera une forme de réconciliation et le divorce ne sera pas nécessaire.

Pour donner une base solide à cette réconciliation (et à la neuroépistémologie), nous devons aborder une question classique : la conscience et les « événements mentaux » sont-ils de type causal ? Si ce n'est pas le cas, quelle est la relation entre l'action cérébrale causale et la conscience ? Il se pourrait que les réponses à ces questions nous étonnent, dans la mesure où elles dévoileront un ensemble d'illusions avec lesquelles il nous faut vivre.

Il est courant de parler des événements mentaux ou de l'expérience phénoménale comme s'ils étaient de type causal. Mais dans la mesure où la conscience est un *processus* rendu possible par l'intégration de l'activité neurale dans le noyau dynamique réentrant, elle ne peut être elle-même causale. Au niveau macroscopique, le monde physique est causalement fermé : seules les transactions qui ont lieu au niveau de la matière ou de l'énergie sont causales. C'est donc l'activité du noyau thalamocortical qui est causale, et non l'expérience phénoménale qu'elle suscite. Pour rendre ce point clair, appelons C' la structure intégrée d'activité neurale qui forme le noyau dynamique à un moment donné. C' suscite un état conscient que nous appellerons C et qui implique un certain ensemble de discriminations. C' non seulement entraîne C, mais contribue causalement aux états subséquents de C' ainsi qu'à des actions corporelles. La relation entre C' et C est certaine et, pour cette raison, dans la plupart des cas, on peut dire que C est causal. Les états de C informent sur les états de C'. Ils constituent notre seul accès à ces états, dans la mesure où nos méthodes neurophysiologiques enregistrent la myriade de contributions neurales qui sont intégrées dans un état donné du noyau causal.

Nous devons donc en conclure que notre croyance selon laquelle la conscience cause l'apparition de choses est une illusion parmi un grand nombre d'autres qui sont utiles. On peut saisir l'utilité de cette illusion en particulier en considérant que nous nous parlons en langage de C. Mais l'activité neurale sous-jacente est ce qui déclenche les réponses individuelles et mentales. Les philosophes ont estimé que ces conclusions inclinaient à l'épiphénoménalisme – à savoir l'idée que la conscience ne ferait rien. En fait, elle sert à nous informer de nos états cérébraux et est donc centrale pour notre compréhension. L'horreur traditionnelle avec laquelle est accueilli l'épiphénoménalisme par les philosophes, on peut la réduire en comprenant les mécanismes de déclenchement des états du noyau réentrant[4].

Une autre illusion consciente, je l'ai appelée illusion héraclitéenne, car elle reflète notre façon de penser le temps et le changement. La plupart des gens ressentent le passage du temps comme le mouvement d'un point ou d'une scène du passé vers le présent et le futur. Mais au sens physique strict, seul le présent existe. L'intégration des états du noyau donnant lieu aux états conscients prend un temps fini de l'ordre de deux cents à cinq cents millisecondes. Cette période de temps est la limite inférieure du présent remémoré. Le passé et le futur sont, à l'opposé, des concepts accessibles seulement à la conscience supérieure. Pour autant, nous pensons souvent le flux du temps comme le mouvement d'un fleuve héraclitéen. Le sentiment changeant de la durée que nous éprouvons tous dans des conditions différentes verse dans cette illusion. Le temps vécu, à la différence du temps des horloges, peut sembler lent ou rapide selon les divers états conscients.

Ces questions sont liées à deux autres : l'utilité de la discrimination consciente dans la planification, pendant des temps qui vont de quelques secondes à plusieurs minutes, et la relation temporelle entre l'activité du noyau et les aires du cerveau concernées par l'action. Comme je l'ai dit, les états conscients impliquent des temps d'intégration de plusieurs centaines de millisecondes. Mais l'activité neurale inconsciente qui donne lieu à l'action peut donner des réponses bien plus rapides. De nombreuses réponses de ce genre (à part les réponses innées de sursaut) exigent un entraînement conscient. Après une pratique délibérée, les réponses habituelles sont médiatisées de façon non consciente et rapide par des structures sous-corticales interagissant avec le cortex. C'est clairement le jeu des états du noyau, de l'attention et des réponses sous-corticales qui constitue la base des suites complexes d'action et de mouvement.

La question du libre arbitre, qui est débattue depuis longtemps, est liée à l'illusion de la conscience causale et à l'illusion héraclitéenne[5]. Si l'on admet que tous les événements physiques ont des causes, on doit en conclure que les états du noyau, qui sont des événements physiques, sont déterminés. Pour autant, si nous ne sommes pas attachés, en prison ou affectés par un trouble neurologique grave, nous pouvons de bonne foi prétendre pouvoir faire ce que nous voulons, que ce soit illusoire ou pas. C'est sur cette base que l'on tient les personnes pour responsables des actes déterminés par les « devoirs » sociaux et que nous élevons nos enfants d'après eux au moyen de récompenses et de punitions.

Ces questions sont liées à la relation entre les préoccupations normatives et les états neuraux. Nous avons écarté l'idée que le « devoir » provient de l'« être » et répudié l'illusion naturaliste. Cependant, nous héritons tous d'un ensemble de structures neurales, les systèmes de valeur, qui sont essentiels au fonctionnement de notre cerveau, considéré comme un système sélectionniste. Comme je l'ai indiqué plus haut, la fonction de ces systèmes consiste à fournir des contraintes spécifiques à l'espèce pesant sur la multitude d'événements sélectifs qui peuvent survenir chez un individu. Les réflexes de succion, les réponses de sursaut et l'action des voies hormonales et des systèmes neuraux autonomes qui affectent nos états métaboliques et physiologiques, ainsi que nos émotions, sont essentiels à notre fonctionnement adaptatif. Cependant, il ne faut pas les confondre avec les catégories qui émergent après sélection expérientielle sous leur contrainte. Chez les humains, qui sont dotés d'une conscience supérieure, l'apprentissage des catégories peut réellement modifier certains aspects des systèmes de valeur. Les humains, à la différence des animaux, ont des valeurs modifiables. Il n'y a pas, chez les animaux, d'équivalents des saints qui, même sous la torture, peuvent préférer mourir plutôt qu'abjurer.

Ainsi, les systèmes de valeur peuvent intensifier l'établissement de devoirs dans une société, mais pas directement les déterminer. Ils constituent aussi une base cérébrale pour nos réponses émotionnelles complexes. À la différence d'Antonio R. Damasio dans son excellente analyse de la neurobiologie des émotions, je considère que ce sont des états complexes provenant des interactions du noyau avec les systèmes de valeur[6]. Les états C' qui en résultent s'accompagnent non seulement de sentiments et d'un contenu cognitif, mais aussi des réponses corporelles que causent ces états. Le plaisir et le déplaisir qui peut apparaître reflètent clairement l'activité des réponses modulatrices de valeur. Mais de même que les états de C' traduisent une énorme complexité, leur interaction avec les systèmes de valeur peut aussi donner lieu à d'importants complexes d'émotions primaires et secondaires, avec ou sans compléments cognitifs. Toutes ces réponses sont intimement couplées à la construction cognitive et émotionnelle du processus que nous appelons le soi. À cet égard, quelles que soient les erreurs chez Freud, on doit le créditer d'avoir exploré ce processus et tenté de le comprendre.

Quand on oppose la générativité qui transparaît de la neuroépistémologie à celle de ses précurseurs philosophiques, on ne peut qu'être frappé par une différence étonnante. Ce que nous avons appelé l'épistémologie traditionnelle se préoccupe de la croyance vraie, de la quête de la vérité et de ses conditions. En aucun cas, il ne faut sous-estimer l'importance de telles préoccupations. Mais cette entreprise reste limitée et ne se soucie que du langage, du sens et de la logique. La motivation (consciente ou non), les émotions ou la reconnaissance de structures n'ont jamais été ses objets. Pour autant, c'est essentiel pour savoir comment on acquiert des connaissances.

Bien que l'entreprise fondée sur la biologie soit considérablement moins élégante, on peut considérer qu'elle prime sur la vision traditionnelle. On pourrait critiquer cette conclusion en disant que c'est confondre la psychologie et l'épistémologie. Peut-être. Mais il est aussi important pour la connaissance humaine de savoir comment la connaissance apparaît au cours de l'évolution que de comprendre la vérité par ouï-dire. Si nous convenons que l'assertion selon laquelle « la neige est blanche » est vraie si et seulement si la neige est blanche est une manière élégante de confirmer une certaine forme de vérité, il est tout aussi important de reconnaître ses origines biologiques autant que sociales. On n'y coupe pas : on peut fonder des vérités de diverses façons, et ces fondements doivent être mis en relation avec leurs origines. Se limiter à l'invariance dans le cadre d'une substitution lexicale (propriété de la logique prédicative élémentaire) est trop étroit. Le développement de la logique elle-même a dû dépendre des conséquences culturelles de la conscience supérieure. L'imagination consciente créative, assortie à la logique, a été de pair avec le développement de la vérité scientifique. Il est donc éclairant de se demander comment la créativité dans la pensée et l'action apparaît sous l'effet de l'opération du cerveau, considéré comme un système sélectionniste.

Chapitre 10

# *La créativité*

## LE JEU ENTRE SPÉCIFICITÉ ET ÉTENDUE

> « L'esprit d'un homme est plus intuitif que logique ; il comprend davantage de choses qu'il n'en peut coordonner. »
>
> LUC DE CLAPIERS,
> marquis DE VAUVENARGUES

Au cours de cette discussion sur la créativité, je souhaite faire preuve de prudence et de retenue. Mon but n'est pas de discuter d'esthétique ou des aspects spécifiques de la création artistique. Il est plutôt de me demander si une théorie du cerveau sélectionniste peut constituer un fondement utile pour comprendre les actes individuels et collectifs de créativité. Le mot lui-même présente des connotations très riches. Être créatif, c'est, d'après le dictionnaire, être original, inventif, expressif ou imaginatif. Créer, c'est faire, produire, construire, amener à l'existence. Une référence au Dieu créateur n'est pas rare dans certains contextes. Moins évidente est l'idée qu'un créateur a la liberté de créer, ce qui fait le lien entre les divers aspects de la créativité et les problèmes du libre arbitre.

Comme je l'ai dit, je tiens à laisser de côté ces questions ; on pourrait donc se demander pourquoi je fais porter mon attention sur la créativité. C'est parce que je crois que comprendre un cerveau qui opère au moyen de mécanismes sélectionnistes pour susciter une conscience faite d'un nombre considérable de discriminations peut constituer une base pour des actions créatives. Je tiens toutefois à rester prudent. Les principes du darwinisme neural ne doivent pas être considérés comme une explication approximative, voire définitive de notre aptitude à créer quel que soit le champ concerné. Mais ils peuvent éclairer le problème de savoir comment l'activité cérébrale consciente et inconsciente peut donner naissance à des idées nouvelles, à des œuvres artistiques et musicales, à des productions littéraires. Dans ces œuvres et ces productions, nous révélons une seconde nature. Si notre description scientifique du monde porte sur la nature, notre créativité reflète l'aptitude de notre cerveau à donner naissance à une seconde nature.

Si c'est le cas, c'est dû à la façon dont la complexité des répertoires cérébraux peut être sélectivement appariée à la complexité des signaux issus de la nature elle-même. J'ai indiqué que, si les présupposés du darwinisme neural sont corrects, alors tout acte de perception est à un certain degré un acte de création, et tout acte de mémoire est à un certain degré un acte d'imagination. Souvenez-vous en outre qu'en majeure partie, c'est à lui-même que le cerveau adulte se parle. Les rêves, les images, les fantasmes et toute une gamme d'états intentionnels très divers reflètent la puissance recombinatoire et intégrative des événements cérébraux sous-jacents aux processus conscients.

Sans empiéter sur le problème du libre arbitre, nous pouvons assurément voir comment le darwinisme neural et la théorie étendue de la conscience constituent la base de cette activité combinatoire. Premièrement, un système sélectionniste exige la génération d'une diversité. Les répertoires qui en résultent doivent en général contenir un très grand nombre de variantes. Le système immunitaire représente un bon exemple à cet égard[1]. Même si chaque individu pouvait avoir la capacité d'engendrer différents anticorps, si des centaines, voire des milliers de variantes étaient produites, le système ne parviendrait pas à reconnaître les divers antigènes étrangers que présentent les virus et les bactéries. En fait, le nombre de variantes différentes d'anticorps, une figurant sur chaque lymphocyte distinct, dépasse la centaine de milliards. Au-delà d'une certaine limite, cependant, le coût représenté par la production de davantage d'anticorps réduirait le gain. Les composants des répertoires d'anticorps de taille convenable sont donc dégénérés – un antigène étranger donné peut être reconnu par plus d'un anticorps structurellement différent. Un tel système ne s'édifie pas par transfert d'informations à partir des objets qu'il doit finalement reconnaître. Il répond plutôt à eux par amplification différentielle des variantes sélectionnées.

Des notions similaires s'appliquent au cerveau, considéré comme un système sélectionniste, car les circuits neuraux et leur dynamique ne possèdent *en général* pas d'information prescrite à l'avance sur ce que le cerveau reconnaîtra par catégorisation perceptive. Même dans les cerveaux, il existe des systèmes de valeur et des réflexes déterminés par l'évolution qui sont caractéristiques d'une espèce donnée. Ils font office de contraintes pesant sur les événements sélectifs en réponse aux signaux externes et internes, mais ne les déterminent pas. Dans un grand nombre de ses réponses, l'opération du cerveau rappelle la formule qu'on prête à E. M. Forster : « Comment savoir ce que je pense si je ne vois pas ce que je dis[2] ? »

Qu'est-ce que tout cela a à voir avec la créativité ? Quand un répertoire très fourni est engendré, seul un certain degré de reconnaissance spécifique apparaît si, quand le système est édifié, aucune information n'est donnée sur ce qui doit être reconnu. Si aucune instruction n'est donnée et que pourtant une reconnaissance d'une grande diversité d'états est requise, le prix à payer est un certain manque de spécificité. Ce manque, par exemple l'ambiguïté ou l'indétermination dans le langage, est le prix à acquitter si l'étendue des signaux auxquels répondre est large. Nous savons en fait que l'éconiche dans laquelle les animaux doivent survivre comporte un nombre considérable de signaux auxquels un individu doit s'adapter. Pour que les individus et les espèces survivent, un troc doit s'effectuer entre spécificité et étendue.

De même, une fois utilisée l'étendue des répertoires d'un cerveau ou d'un système immunitaire, des mécanismes doivent permettre d'aller au-delà des sélections initiales. L'amplification différentielle des éléments de répertoire sélectionnés initialement doit être poussée plus loin. Dans le système immunitaire, cette tâche est assurée par mutation et resélection des cellules déjà sélectionnées afin de produire des anticorps ayant davantage d'énergie de liaison avec l'antigène étranger. Dans le cerveau, les moyens de renforcer la spécificité sont assez différents.

Le cerveau s'appuie sur un grand nombre de mécanismes pour accroître la spécificité de ses réponses. L'un d'eux implique la sélection expérientielle par le biais des changements affectant la force synaptique, lesquels sont contraints par l'activité des systèmes de valeur. Le contraste entre spécificité et étendue apparaît clairement pendant l'apprentissage dans le passage de réponses exploratoires aux réponses conditionnées ultérieures. Une autre source de spécificité repose sur les mécanismes d'attention, qui bloquent des structures particulières de réponse neurale tout en en laissant passer d'autres.

Le nombre de combinaisons possibles des structures corticothalamiques de réponses est hyperastronomique. Les mécanismes mentionnés ci-dessus peuvent se combiner avec ceux de la mémoire de travail à court terme (de numéros de téléphone, par exemple) ou de la mémoire épisodique à long terme, qui porte sur les événements de vie survenus dans le passé, afin de susciter des sorties qui se traduisent par des répertoires interagissant exclusivement avec le cerveau.

Le point important est que ce système sélectif apporte une liberté combinatoire extrême à la pensée et à l'imaginaire, et même à la logique et au calcul mathématique. Les séquences de pensées peuvent être présentationnelles, comme dans la liaison entre des images visuelles, ou bien discursives, comme dans la pensée fondée sur le langage, qui n'implique pas nécessairement des images. La pensée reflète donc l'activité des circuits cérébraux sensorimoteurs dans lesquels les éléments moteurs sont souverains, mais ne se traduisent pas par de l'action[3]. Même si les liaisons et séquences accompagnant la pensée impliquent l'activité des parties motrices du cortex, le cortex moteur lui-même n'envoie pas les signaux qui s'ensuivent aux neurones moteurs de la moelle épinière ou aux muscles.

J'ai déjà mentionné que je crois qu'il existe deux modes principaux de pensée – la reconnaissance de structures et la logique. J'ai déjà suggéré que le mode premier, étant donné l'étendue de notre confrontation à de la nouveauté, est la reconnaissance de structures. On le voit dans les réponses à des Gestalt, dans la mise en ordre des mots et dans les divers actes de classification[4]. C'est très puissant, mais du fait du besoin d'étendue, cela implique un certain manque de spécificité. Dans certains cas, la logique peut alors servir à éliminer l'ambiguïté. Bien sûr, l'utilisation de l'observation scientifiquement contrôlée accroît la spécificité et la généralité de ces interactions.

On peut considérer que ce passage de l'étendue à la spécificité reflète la relation générative entre la neuroépistémologie et l'épistémologie traditionnelle.

Pour finir, revenons à la question de la créativité, prise comme reflet des systèmes neuraux sélectionnistes. Les états du noyau des êtres humains dotés d'une conscience supérieure se caractérisent par une énorme liberté de recombinaison. Dans n'importe quel domaine, la créativité doit être permise au sein de la gamme très large des qualia discriminatrices. Les contraintes qui sont appliquées par le biais de l'expérience et par convention font apparaître diverses « expérimentations internes », qui impliquent de l'ordre et du désordre, de la tension et du relâchement, ainsi que le jeu entre le noyau et les parties non conscientes du cerveau. La sortie qui en résulte est sujette à d'autres contraintes qui proviennent des expériences menées au sein d'une culture. Ces expériences déterminent le choix accompli et les réponses aux structures ; elles altèrent l'attente et déclenchent l'abstraction vis-à-vis du flux de l'expérience.

Ces réponses créatives dépendent pour beaucoup de la nature constructive de l'action du cerveau. On peut le voir même dans le déni de réalité qui apparaît dans des troubles neuropsychologiques comme l'anosognosie, que j'aborderai plus loin. Alors qu'il est requis de retirer les erreurs d'un programme informatique, la probabilité d'erreurs doit être tolérée même chez l'individu normal si le cerveau doit être confronté à de la nouveauté en s'adaptant. Il n'est donc pas surprenant que la science occidentale, à son origine, ait dépendu de l'expérience antérieure de certaines normes et croyances selon lesquelles la science ne pouvait ni se vérifier ni s'infirmer, même une fois apparue triomphalement comme une source majeure de vérité.

Chapitre 11

# *Les états anormaux*

> « La maladie mentale doit toujours inquiéter. La chose que je redouterais le plus, si je devenais malade mental, ce serait qu'on adopte à mon endroit une attitude de sens commun consistant à considérer comme allant de soi que je délire. »
>
> Ludwig WITTGENSTEIN

Il est courant d'entendre dire que le génie créatif est apparenté à la folie ou lié à elle. Mais si l'on considère les maladies cérébrales qui donnent lieu à un handicap fonctionnel, à du délire ou à des hallucinations, on verra aisément que ce n'est pas tout à fait vrai. À la différence des entreprises créatives, il n'est pas besoin de normes sophistiquées pour juger inhabituels les états anormaux de conscience, qu'ils résultent de la prise de drogues, d'une maladie cérébrale dégénérative et chronique, d'attaques ou d'autres phénomènes semblables[1]. Chez les victimes de syndromes neuropsychologiques, une lésion cérébrale est à l'évidence la cause de leurs symptômes. Avec les psychoses, la question des causes peut être plus subtile, et l'étiologie comme la pathogenèse de la maladie peuvent être plus obscures. Pour autant, il n'est pas erroné d'estimer qu'un schizophrène délire ou a des hallucinations. Et bien que les choses puissent être davantage trompeuses chez les patients atteints de troubles bipolaires, le fait qu'ils fassent authentiquement état d'une misère, d'un ralentissement ou d'un comportement maniaque qui s'écartent des normes ordinaires ne fait pas obstacle au diagnostic.

Avec les névroses, cependant, la question des normes devient centrale. Le fait de ne pas être heureux est-il un symptôme névrotique ? Les névrosés souffrent-ils seulement d'un malheur extrême ? Que dire de ces problèmes ?

Je propose d'envisager comment notre analyse du fonctionnement du cerveau, de la conscience et de l'impact de la science sur la connaissance de l'homme peut éclairer les problèmes liés aux états mentaux anormaux, et *vice versa*. Ce sujet étant très étendu, je ne peux entrer dans le détail. Je propose d'envisager les syndromes neuropsychologiques en premier lieu parce qu'ils révèlent souvent certains aspects du fonctionnement normal du cerveau. Puis, je considérerai brièvement les psychoses, en particulier celles qui sont, d'une manière ou d'une autre, des maladies de la conscience. Enfin, j'aborderai la question délicate de la névrose. C'est sur ce dernier type d'exemples que je voudrais m'arrêter, car leurs frontières avec le comportement normal sont souvent difficiles à discerner.

La question que je traiterai alors est de savoir si l'on peut légitimement soutenir ou appeler de ses vœux une théorie de la névrose. Évidemment, cela fait penser au grand défenseur d'une vaste théorie de la névrose et de la personnalité humaine qu'est Sigmund Freud. Avant de me lancer dans mes réflexions personnelles en la matière, je présenterai ma réponse à la théorie psychanalytique. Tout d'abord, il faut reconnaître tout ce qu'a accompli d'extraordinaire Freud[2]. Quoi qu'on pense de ses métaphores parfois saugrenues, c'est lui qui a mis au jour les effets des processus inconscients sur le comportement. De plus, même si l'on rejette sa façon de caractériser la structure de la personnalité, il a apporté des descriptions claires et un vocabulaire utile et novateur pour traiter des mécanismes de ce qu'on appelle les défenses du moi. Voilà des réussites remarquables.

Cependant, quand on considère comment il rend compte de la sexualité infantile, de l'analyse des rêves, du refoulement et de la mémoire, les choses sont plus difficiles à évaluer. Freud a intégré ses idées pour en faire une « théorie » psychologique qui prétend rendre compte de la névrose. Malheureusement, cette soi-disant théorie consistait principalement en un ensemble de métaphores et était donc impossible à tester. (Comme je l'ai indiqué plus haut, les métaphores, à la différence des comparaisons, peuvent être riches de sens, mais elles ne peuvent ni se prouver ni s'invalider.) Ces métaphores ont paru séduisantes quand il s'est agi d'interpréter au sein des disciplines littéraires et des sciences humaines ; c'est probablement ce qui a contribué au développement et à la pénétration remarquable des propositions de Freud.

Malheureusement, les bases biologiques sur lesquelles il a fait reposer ces hypothèses étaient mal fondées. J'en donnerai un exemple : son attachement aux conceptions lamarckiennes et à la loi biogénétique de Haeckel, qui stipule que l'ontogenèse récapitule la phylogenèse[3]. De plus, les tentatives menées pour tester l'efficacité thérapeutique de la psychanalyse se sont révélées au mieux non concluantes et au pire peu convaincantes.

Selon moi, l'imagination de Freud était remarquable et même fructueuse dans certains contextes, mais elle n'a pas donné lieu à des vues scientifiques. Ses tentatives n'en posent pas moins la question qui m'intéresse ici : une théorie scientifique de la névrose est-elle requise, voire possible ? Les réponses qu'on peut y apporter ne sont pas sans rapport avec les problèmes liés au réductionnisme que nous avons évoqués tout au long de ce livre. Avant de les aborder, je voudrais me tourner premièrement vers la neuropsychologie et les maladies cérébrales organiques. Cela éclairera les aspects de la neuroépistémologie concernés par le délire et les origines de la croyance.

En tant que discipline descriptive, la neuropsychologie remonte aux commencements des neurosciences modernes[4]. Les exemples classiques sont les aphasies de Broca et de Wernicke. Une lésion située dans le cortex moteur d'association et s'étendant à ce qu'on appelle l'aire de Broca donne lieu à un handicap dans la production de langage. Les patients atteints d'aphasie de Broca peuvent comprendre le langage parlé, mais ils ne parviennent pas à le produire ; leur syntaxe et l'ordre des mots qu'ils utilisent sont défectueux (c'est ce qu'on appelle l'agrammatisme). Au contraire, les patients atteints d'aphasie de Wernicke souffrent de graves défauts dans la compréhension du langage. Leur lésion est située dans ce qu'on nomme l'aire de Wernicke, tout près de la portion supérieure du lobe temporal, dans laquelle elle s'étend souvent. Ces patients ont un discours vide et ne parviennent pas à exprimer leurs idées. Ils utilisent souvent les mauvais mots (paraphasie) ou font des néologismes.

Les aphasies de Broca et de Wernicke ont été décrites à la fin du XIX^e^ siècle et constituent des exemples classiques de troubles neuropsychologiques. Les recherches modernes ont révélé qu'elles n'impliquent pas seulement les aires ci-dessus décrites. Les aires sous-corticales le sont aussi souvent. Du fait de leur priorité historique, je les mentionne ici à titre d'exemples typiques d'altérations fonctionnelles résultant d'une lésion cérébrale souvent causée par une attaque. Les apraxies (troubles du mouvement), les agnosies (incapacité à reconnaître des objets malgré l'aptitude à voir, entendre, etc.), l'alexie (incapacité à lire), l'agraphie (incapacité à épeler ou à écrire), les dyslexies (difficultés de lecture), les amnésies (divers types de perte de mémoire) et la prosopagnosie (incapacité à reconnaître les visages) représentent d'autres exemples. À un certain degré, ces difficultés (et de nombreuses autres que je n'ai pas mentionnées) peuvent être plus ou moins liées à une lésion localisée dans des aires cérébrales spécifiques ou au non-développement embryonnaire de certaines parties du cerveau.

Dans le cas des troubles que j'ai mentionnés, une lésion cérébrale ou une perturbation du développement donnent clairement lieu à des altérations ou à des pertes fonctionnelles. Chacun des troubles indiqués ici implique une compensation originelle, une réaction productrice de délire, une affabulation ou une reconstruction de ce que les personnes qui n'ont pas de lésion appelleraient la réalité. Parfois, ces réactions compensatoires sont assez subtiles et peuvent ne pas se détecter. À d'autres moments, elles peuvent paraître bizarres. La raison pour laquelle je les évoque ici est double : nous savons qu'elles résultent d'une lésion cérébrale patente et les réactions à cette dernière démontrent assez clairement le caractère constructif de l'action du cerveau en cas de perte grave.

On en voit un exemple frappant dans ce qu'on appelle les syndromes de déconnexion. La plupart impliquent une coupure du corps calleux, commissure (faisceau de tissus nerveux) qui consiste en plusieurs centaines de millions d'axones interconnectant les deux hémisphères du cerveau. Rarement, cette commissure ne se forme pas ou bien est dissoute dans certaines maladies génétiques. Dans certains cas, les patients atteints de certaines formes d'épilepsie doivent subir une intervention chirurgicale qui exige de couper le corps calleux. Le syndrome qui en résulte a été magistralement étudié par Roger Sperry[5]. Bien que les patients commissurectomisés puissent se comporter dans les circonstances ordinaires d'une façon qui semble normale, Sperry a mis en évidence des différences comportementales et cognitives qui peuvent facilement se détecter lorsqu'on fait regarder à ces patients deux écrans, l'un pour l'œil droit, l'autre pour l'œil gauche. Le patient peut alors répondre à des commandements de façon verbale ou en pointant. Comme on peut s'y attendre, les réponses à des images apparaissant dans le champ visuel droit ont pour origine l'hémisphère gauche. Mais l'hémisphère droit ne peut répondre à une image apparaissant dans le champ visuel gauche qu'en pointant avec la main gauche. Dans certaines tâches consistant à disposer des blocs pour former des structures, la main gauche, guidée par l'hémisphère droit, réussissait mieux que la main droite.

Dans un cas, il est apparu qu'un jeune patient conservait la capacité de répondre à des demandes écrites en utilisant sa main gauche pour épeler des réponses avec l'équivalent de pièces de Scrabble. Si on lui demandait quelle était sa star de rock préférée, le patient utilisant le cerveau gauche répondait de façon vocale. Cependant, sa main gauche épelait un nom différent ! À partir de données semblables, Sperry a conclu qu'il existait deux consciences à l'œuvre ici – celle de la personne de tous les jours, dominée par le langage, lequel a pour origine l'hémisphère gauche, et celle d'un type plus limité à droite. (Cette conclusion a été discutée, mais pas invalidée.)

Quelle pourrait être l'origine de ces deux instances conscientes dans un seul corps ? La théorie étendue du darwinisme neural suggérerait l'hypothèse qu'il existerait deux noyaux dynamiques, chacun ayant des capacités qui dépendent des liaisons réentrantes contraintes par différentes aires cibles du cortex.

En tout cas, lorsque sa main gauche agit de manière contradictoire, le patient vocal affabule ou invente une rationalisation pour toute contradiction apparente. Ce n'est pas sans rapport avec les problèmes épistémologiques qui se posent chez les personnes normales. Cela suggère que le cerveau de l'individu verbal et conscient doit former une structure ou « faire sens » à tout prix[6]. On observe des phénomènes similaires dans d'autres syndromes neuropsychologiques.

D'autres syndromes mettent en jeu une perte de capacité d'un côté du cerveau. Par exemple, le syndrome d'héminégligence survient parfois dans ce qu'on appelle le cortex pariétal droit (voir figure 1) lorsqu'il a subi une lésion du fait d'une attaque. Le patient ne vit ni ne rapporte aucune vision dans la moitié gauche de son champ visuel, et il se comporte à l'avenant en ne se rasant que le côté droit ou en ne lisant l'heure que de 12 à 6 heures, mais pas de 6 à 12 heures.

Des attaques plus graves, qui vont jusqu'à inclure des aires situées au-delà du pariétal à droite, peuvent donner le curieux syndrome d'anosognosie. Non seulement le patient est négligent, mais il est complètement paralysé à gauche. Toutefois, les patients concernés nient être paralysés ! Ils peuvent être intelligents, capables de production et de compréhension normale de la parole et ils ne sont en général ni névrosés ni psychotiques. Pour autant, ils réagissent à des contradictions potentielles quant à ce qu'ils font en affirmant qu'ils bougent quand ce n'est pas le cas. Et quand, quelques mois plus tard, ils deviennent conscients de leur paralysie, leurs souvenirs du comportement qu'ils ont eu pendant leur période d'anosognosie sont aussi affabulés. Une fois encore, il semble que l'interaction cerveau/corps combinée avec le passé se traduit par des affabulations apparentes dans lesquelles la cohérence interne compte plus que ce que rapportent des témoins normaux.

De même, dans une maladie appelée syndrome d'Anton, les patients qui sont physiologiquement et comportementalement aveugles affirment qu'ils peuvent bel et bien voir. Certains cas de cécité sont peut-être liés à cette affection : par exemple, un patient corticalement aveugle dans une partie du champ visuel peut cependant prendre des décisions correctes quand on lui demande de deviner l'identité de visages qu'on lui présente dans cette portion aveugle de son champ visuel. Certains aspects des réponses apprises auparavant restent aussi présents chez des patients atteints de prosopagnosie. Ils peuvent ne pas reconnaître consciemment le visage de leur conjoint, mais à la faveur d'un test utilisant des images porteuses de celui-ci, ils l'identifient de manière implicite. Parfois, ce dont est convaincu un patient peut sembler vraiment bizarre. Dans le syndrome de Capgras, par exemple, certains patients font preuve de ce qu'on appelle une paramnésie réduplicative : ils prétendent par exemple que leur mère n'est pas leur vraie mère, mais une fabulatrice.

Je pourrais aussi indiquer qu'une crise d'épilepsie du lobe temporal peut se traduire par le fait qu'un patient est convaincu qu'il s'est déjà trouvé dans un endroit clairement nouveau (déjà vu) ou a déjà eu auparavant un ensemble particulier de pensées (déjà pensé).

J'espère que les exemples décrits jusqu'à présent montrent clairement que la relation cerveau/corps est essentielle pour l'acquisition de connaissances et de croyances. La plupart de ces syndromes représentent des maladies de la conscience ou de l'attention. Ce qui est plus important peut-être, c'est que les symptômes ne sont pas principalement dus à un traumatisme psychique antérieur et que les patients ne sont pas non plus psychotiques. (Dans certains cas, cependant, une maladie psychiatrique peut imiter de tels symptômes.)

Pour rendre compte des affabulations liées à ces syndromes, on a évoqué une lésion de ce qu'on appelle le cortex orbifrontal[7]. Les patients chez qui cette aire cérébrale est endommagée ou isolée des autres connexions sont souvent incapables d'avoir un comportement responsable ou de planifier des actions. De même, ce qu'on appelle le noyau médiodorsal du thalamus a été associé aux affabulations spontanées. L'hypothèse a été avancée que ces deux aires du cerveau, notamment, seraient nécessaires pour superviser les pensées inadaptées ; en cas d'incapacité à fonctionner, il s'ensuivrait des affabulations. Toutefois, cette hypothèse ignore les interactions entre ces aires et le reste du cerveau.

La conclusion essentielle pour notre propos est que, même si la pathogenèse détaillée de la plupart de ces syndromes n'a pas été pleinement analysée, aucune théorie venant s'ajouter à une théorie globale telle que le darwinisme neural ne semble nécessaire pour les expliquer. Mais bien sûr, un défi fascinant demeure : quand certaines aires du cerveau sont lésées, il s'agit d'expliquer comment un cerveau sélectionniste doté d'interactions thalamocorticales réentrantes réagit comme il le fait en termes de comportement et de croyances. Une riche source d'investigation pourrait être d'explorer la question de savoir si les interactions réentrantes sont altérées dans ces maladies, de sorte qu'il serait fait appel à une réentrée entre les aires corticales résiduelles pour compenser cette perte.

Un autre ensemble d'états anormaux, les psychoses, représente un défi encore plus grand[8]. Ce sont des maladies dans lesquelles l'aptitude à fonctionner dans la vie de tous les jours et à rester en contact avec la réalité est gravement handicapée. Elles mettent particulièrement au défi nos tentatives pour comprendre leur étiologie et leur pathogenèse car, même s'il existe des preuves de trouble neural et chimique, une lésion cérébrale n'est pas vraiment prouvée. On trouve cependant des exceptions : les cas de psychose toxique (par exemple, la psychose de Korsakoff dans l'alcoolisme extrême), des maladies comme la syphilis tertiaire, ainsi que des démences comme la maladie d'Alzheimer.

Mais souvent, il est difficile d'identifier une lésion spécifique. Dans le cas des maladies psychotiques les plus polymorphes, la schizophrénie par exemple, des données attestent une origine mutationnelle polygénique. Mais elles indiquent aussi que l'environnement joue un rôle complexe dans leur apparition ; et il est bien difficile de démêler ces influences. Les patients schizophrènes manifestent une grande variété de symptômes baroques. Ils vont d'hallucinations auditives à la troisième personne, à l'idée qu'on est influencé et à l'illusion d'être contrôlé par des forces extraterrestres. Ces symptômes s'accompagnent souvent d'une atonie émotionnelle et de rapports interpersonnels pauvres.

Dans les troubles bipolaires, qui affectent gravement l'humeur, on note un déséquilibre pharmacologique qui se traduit par un ralentissement des réponses comportementales et une dépression consciente, dans les cas extrêmes. Mais, même si l'on prend en compte toute l'histoire du patient, il est difficile d'imputer au seul environnement l'origine des symptômes. Comme dans les troubles neuropsychologiques, on peut penser qu'il n'est pas nécessaire de recourir à une théorie de la personnalité pour rendre compte spécifiquement de ces états anormaux. On doit plutôt identifier les altérations survenant dans les mécanismes cérébraux et les relier à des hypothèses scientifiques quant à l'action du cerveau. Par exemple, les symptômes hallucinatoires et délirants qu'on observe dans la schizophrénie ne pourraient-ils résulter d'une distorsion dans le timing de la réentrée entre les aires du noyau supérieur et les régions non conscientes du cerveau ? Si certains décalages temporels interviennent dans la liaison des réponses du noyau par suite de perturbations physiologiques ou microanatomiques, il est concevable qu'un patient puisse prendre ses pensées pour des voix extérieures ou pour des intrusions malfaisantes venant de l'extérieur. Quoi qu'il en soit, les explications pathogéniques des symptômes anormaux des psychoses ne semblent pas nécessiter une théorie élaborée ou générale de la personnalité.

Du reste, avons-nous vraiment besoin d'une telle théorie ? Avec cette question, on en vient à l'ensemble le plus redoutable de syndromes, regroupés à tort ou à raison sous la désignation de « névroses ». C'est à comprendre ce champ qu'ont été consacrés les principaux efforts de Freud. Avant 1980, les névroses étaient décrites comme un vaste ensemble de maladies, relativement bénignes en comparaison des psychoses et sans perte de contact avec la réalité. En 1980, dans la troisième édition du *Diagnostic and Statistical Manual of Mentral Disorders* (*DSM-III*), l'Association américaine de psychiatrie a éliminé cette distinction nette et a plutôt décrit chaque maladie ou syndrome en propre.

Les névroses recouvrent un grand nombre de complexes de symptômes. Les troubles anxieux comprennent l'anxiété, les phobies et les obsessions-compulsions. Les névroses hystériques se décomposent en troubles somatoformes – qui comprennent l'hystérie de conversion, l'hypocondrie et les troubles psychosomatiques – et en dissociation – qui comprend l'hystérie dissociative, l'amnésie psychogénétique et les états d'absence, la personnalité multiple et la névrose de dépersonnalisation.

Dans les phobies, on note des peurs exagérées face à des événements, des objets et des fonctionnements corporels qui n'ont intrinsèquement rien de dangereux. Les patients manifestent une anxiété extrême attachée aux stimuli émanant de ces sources. Les exemples particuliers sont l'agoraphobie (peur des lieux publics), l'acrophobie (peur des hauteurs) et la claustrophobie (peur des lieux clos). Dans l'obsession-compulsion, on trouve des fantasmes (obsessions) ou des actions (compulsions) récurrents dont le patient a conscience et auxquels il tente souvent de résister, mais en vain. On assiste à une bizarre réapparition de certaines idées que le patient ne peut éviter, par exemple que le troisième mot prononcé est toujours « sale », ce qui le force à sans cesse mettre sa main devant sa bouche. Il sait que c'est de la pensée magique ; son sens de la réalité est donc intact.

Dans les névroses hystériques, on observe des symptômes de conversion comme une apparente paralysie de certains membres ou groupes de muscles. Dans d'autres, le patient se plaint d'être aveugle ou muet. Dans d'autres cas, on peut noter une dissociation – à savoir une perte de conscience des perceptions et des souvenirs. Cela peut se traduire par une amnésie, des absences, une perte d'identité et de mémoire de l'histoire de vie passée. Dans les troubles psychosomatiques, on note des plaintes corporelles vagues très diverses, comme des maux de tête, des nausées, etc., en l'absence de dysfonctionnement organique réel. Ce syndrome se distingue de l'hypocondrie, dans laquelle le patient est persuadé qu'il souffre d'une maladie grave.

Ce n'est pas ici le lieu de détailler les volumineuses et riches hypothèses que Freud a développées pour expliquer les névroses[9]. Selon les fondements de la psychanalyse, les symptômes névrotiques résultent de conflits intérieurs. Leurs causes résident souvent dans la petite enfance et proviennent de la frustration des pulsions sexuelles infantiles. Le postulat de base de la psychanalyse a été incorporé à l'idée d'inconscient dynamique. Dans les névroses, divers mécanismes de défense sont à l'œuvre pour empêcher le rappel de ces conflits. Travailler à permettre une reconnaissance consciente des souvenirs réprimés est devenu l'objectif principal de la thérapie psychanalytique.

Ces idées étaient fondées sur une théorie postulant que la personnalité humaine a une structure triadique et est constituée par le ça, le surmoi et le moi. Le ça était considéré comme constituant le domaine de l'inconscient profond, essentiellement préoccupé de satisfaire ses pulsions instinctives. Le surmoi était considéré comme résultant des forces parentales et sociales agissant pour censurer ou refouler les désirs s'originant dans le ça. Enfin, le moi opérait une médiation entre le ça et le surmoi par confrontation avec la réalité. Il était en grande partie identifié à la conscience. L'un des défis pour les psychanalystes consistait donc à rendre les conflits refoulés ayant conduit à la névrose accessibles à l'esprit conscient. « Là où était le ça doit advenir le moi. »

Freud suggérait que les rêves étaient le reflet de la satisfaction cachée des désirs. Avec la méthode de libre association utilisée en thérapie, les rêves étaient considérés comme la « voie royale » vers l'inconscient. C'est grâce à cette présentation de la structure de la personnalité, du conflit inconscient refoulé et de sa théorie de la sexualité que l'édifice de la psychanalyse freudienne a eu un impact massif sur la psychologie, les sciences sociales et les études littéraires. Comme je l'ai indiqué plus haut, cette théorie n'est cependant pas parvenue à satisfaire un grand nombre des critères requis pour la vérification scientifique.

Les constructions de Freud, qu'elles soient ou non vérifiables, touchent des questions de grande importance pour la neuroépistémologie. En premier lieu, elles mettent beaucoup l'accent sur la symbolisation. Les mécanismes de défense du moi témoignent de la façon dont l'individu peut éviter la confrontation avec des dangers qui menacent son idée de lui-même. De plus, l'observation aux termes de laquelle la connaissance et l'expérience peuvent être réfoulées a suggéré que la connaissance et la croyance conscientes ne représentaient qu'une petite fraction de l'architecture cognitive d'un individu. C'est cela, ainsi que le recours talentueux à des métaphores suggestives, qui a en partie expliqué l'influence qu'ont eue les idées de Freud.

Même si nous rejetons certaines de ses propositions au motif qu'elles sont non scientifiques et que la thérapie psychanalytique n'est guère efficace, un aspect ressort. La psychanalyse, plus que toute autre pratique psychologique, est principalement soucieuse de l'histoire du sujet individuel, ainsi que du récit, des croyances et des styles de pensée personnels de cet individu-là qui vont de pair.

Si louable soit cet effort, il conduit à reposer la question que j'ai abordée en envisageant la neuropsychologie et la psychose : en plus de la théorie globale du cerveau, une théorie des états anormaux, dans le cas présent une théorie de la névrose, est-elle possible voire nécessaire ? Ce qui est requis, n'est-ce pas plutôt l'analyse, au niveau du fonctionnement du cerveau, des mécanismes neuraux liés à la conscience, à l'attention, à l'automaticité dans les aires cérébrales non conscientes et à l'action des systèmes de valeur ?

À cette dernière question, je répondrai par l'affirmative. Si attirantes les métaphores de Freud puissent-elles être, elles sont formulées dans des termes qui sont trop éloignés des mécanismes structuraux que révèlent les études portant sur les interactions cerveau/corps. Même si elle accorde une attention correcte à l'histoire de l'individu, la psychanalyse s'efforce, au moyen d'une théorie générale, d'expliquer cette histoire dans toute son individualité, son irréversibilité et sa non-linéarité. Or nous avons vu que l'histoire humaine résiste à de telles tentatives généralisantes et réductrices. L'histoire individuelle, il est vrai, diffère de l'histoire de l'humanité en ce que la personne individuelle peut, en temps réel, la rapporter ou enregistrer son expérience. Mais, comme nous l'avons vu, c'est sujet à toute une série d'illusions nécessaires. De plus, comme nous l'avons noté dans les syndromes neuropsychologiques, le cerveau réagit aux défauts en remplissant et en affabulant. Dans ce cas au moins, les problèmes ne sont pas sans relations avec les distorsions psychosexuelles.

Ma remarque ne doit pas être prise comme un rejet de la psychothérapie, pour le développement de laquelle

Freud fut un pionnier. Étant donné ce que j'ai dit des contingences caractérisant l'histoire du développement de chaque individu et les ambiguïtés du langage, les tentatives scientifiques et causalistes, comme les traitements médicamenteux, doivent s'accompagner d'échanges entre personnes.

Ce qui ressort de notre bref survol de la neuropsychologie, de la psychose et de la névrose, c'est l'extraordinaire variété des causes et des réponses qui affectent les différents niveaux de la structure cérébrale. Dans les syndromes neuropsychologiques, les délires peuvent provenir de la destruction d'aires entières du cerveau. Dans la psychose, des altérations génétiques et pharmacologiques peuvent se traduire par des distorsions massives du sens de la réalité. Dans la névrose, les connexions fonctionnelles entre les pensées, les croyances et les réponses des systèmes de valeur peuvent donner lieu à un comportement perturbé. Nous retombons sur les problèmes liés à l'échange entre spécificité et étendue dans un système sélectionniste. La pensée précoce est en grande partie métaphorique et son pouvoir associatif peut la rendre utile. Mais si l'on donne libre cours à la tension entre les métaphores dans la conscience supérieure et les valeurs culturelles normatives, il n'est sans doute pas surprenant qu'une grande variété d'états émotionnels et de déplacements symboliques suscitant des symptômes puisse apparaître. Si le darwinisme neural est correct, alors, même dans les états normaux, chaque perception est à un certain degré un acte de création, et chaque souvenir est à un certain degré un acte d'imagination. Ce degré change dans les maladies psychiatriques ; le défi est de comprendre comment et pourquoi.

Qu'en est-il de la pensée et des processus de pensée ? À cet égard, il convient de citer certaines des idées de Charles Sanders Peirce, le véritable fondateur du pragmaticisme. Peirce a souligné que les sensations nous sont immédiatement présentes tant qu'elles durent. Il a remarqué que d'autres éléments de la vie consciente, par exemple les pensées, sont des actions qui ont un début, un milieu et une fin, et qu'elles recouvrent une part du passé et du futur. Cela correspond à notre proposition selon laquelle la pensée a une composante fondamentale motrice qui se reflète dans l'action du cerveau, mais pas dans le mouvement réel. La pensée, disait Peirce, est « un fil mélodique qui parcourt la succession de nos sensations[10] ». Au contraire, la croyance est quelque chose dont nous sommes conscients qu'elle apaise l'irritation liée au doute, lequel est ce qui nous motive à penser. La croyance, disait-il, est une règle d'action ou une habitude qui procure à la fois un lieu de repos pour la pensée et un point de départ pour qu'elle continue.

Ce qui est nécessaire pour comprendre les états anormaux, de pensée comme de croyance, c'est la validation d'une théorie rigoureuse du cerveau telle que le darwinisme neural. Mais cela ne suffit pas. Si nous voulons saisir les origines et le développement des états anormaux, nous devons aussi en apprendre davantage sur les mécanismes cérébraux spécifiques à tous les niveaux, ainsi que sur le langage et la conscience supérieure. C'est cela, et non une théorie réductrice de la personnalité, qui nous permettra de saisir plus pleinement la pathologie mentale et de mieux comprendre ce que serait une neuroépistémologie.

Chapitre 12

# *Les neuromécanismes*

## VERS UN ARTEFACT CONSCIENT

> « Il est clair qu'il n'existe qu'une seule substance en ce monde et que l'homme est son expression ultime. Comparé aux singes et aux animaux les plus intelligents, il est ce que le planétarium de Huygens est à une montre du roi Julien. S'il faut plus de rouages et de ressorts pour représenter le mouvement des planètes que pour indiquer et répéter les heures ; et s'il a fallu à Vaucanson plus d'habileté pour produire un flûtiste qu'un canard, sa tâche aurait été encore plus difficile pour produire un "parleur", mais une telle machine, en particulier entre les mains de cette nouvelle sorte de Prométhée, ne doit plus être considérée comme impossible. »
>
> Julien Offray de La Mettrie

Jusqu'à présent, nous nous sommes intéressés aux soubassements biologiques de la vie mentale. Estimant que nous commençons à comprendre les bases cérébrales de la conscience, j'ai exploré certaines des implications de cette compréhension pour la connaissance et l'expérience humaine. Même si ce n'est pas toujours vrai, lorsque la science découvre des principes ou des mécanismes de base, des applications techniques fondées sur ce savoir se développent souvent.

Dès lors, on est conduit à poser une question audacieuse, que j'ai mentionnée au chapitre 1 : est-il possible de construire un artefact conscient ? Comme je l'ai fait remarquer dans ce chapitre, l'existence d'un tel artefact aurait des conséquences importantes en matière épistémologique. Parmi toutes les conséquences que pourrait avoir notre compréhension des mécanismes de la conscience, c'est l'existence d'un artefact conscient qui aurait le plus d'effet.

Si l'on se fonde sur l'expérience passée, nous pouvons répondre par l'affirmative à notre question. On ne sait combien de temps il faudra pour bâtir un tel engin, mais on peut examiner certaines contraintes qu'il faut satisfaire et tirer certaines conclusions sur le succès possible d'une telle entreprise. Les contraintes qu'il faut considérer sont liées aux caractéristiques particulières des systèmes cérébraux sous-jacents à la conscience. Nous ne devons pas oublier un certain nombre de propriétés fondamentales qui caractérisent le cerveau. Premièrement, nous ne devons pas négliger le fait que le cerveau est un système sélectionniste. Deuxièmement, nous ne devons pas perdre de vue que le cerveau est incarné dans un corps, et donc qu'ils interagissent ensemble. De plus, tous deux sont pris dans le monde réel, lequel exerce, à l'évidence, une influence énorme sur leur dynamique. Troisièmement, nous devons bien nous dire que le noyau réentrant thalamo-cortical implique des états intégrés et différenciés d'une considérable complexité. (Pour qu'une scène unitaire apparaisse dans notre expérience consciente, il faut qu'il y ait intégration dans le noyau dynamique, dans lequel des états successifs du noyau se différencient les uns des autres.) Enfin, une question se pose concernant la composition et la structure concernées : un artefact conscient serait-il composé des mêmes composants chimiques qu'un cerveau humain conscient ?

Avant d'examiner comment un artefact peut satisfaire les grandes contraintes que je viens de signaler, je voudrais traiter cette question. La position selon laquelle l'artefact envisagé doit être fait de composants chimiques porte le nom de chauvinisme biologique. À l'autre extrême, selon ce qu'on peut appeler le libéralisme extrême, le « hardware », c'est-à-dire le matériau chimique du cerveau, ne compterait pas, car le cerveau, étant un ordinateur, pourrait fonctionner comme un logiciel dans une machine virtuelle. Le fait que je rejette ces deux positions ne surprendra pas. Il me semble plutôt qu'il serait suffisant d'intégrer les structures qui permettent l'expérience consciente, en respectant les contraintes listées ci-dessus, dans n'importe quel matériel qui satisferait leurs exigences fonctionnelles. L'idée centrale est ici la suivante : c'est la structure et la dynamique générales d'un artefact (qu'il soit conscient ou non), et non son matériau, qui doivent ressembler à ceux des cerveaux réels afin de fonctionner. Cette exigence a déjà été satisfaite par la conception et la construction, à l'Institut des neurosciences, d'une série de neuromécanismes (appelés BBD *brain-based devices* par leurs inventeurs[1]). Bien qu'ils soient loin de manifester un comportement conscient, ces mécanismes évoluant dans le monde réel sont capables de catégorisation perceptive, d'apprentissage et de conditionnement sans instruction. Ils ont même commencé à avoir une mémoire épisodique, ce qui caractérise le fonctionnement de l'hippocampe ; par suite, ils peuvent se situer de façon autonome ainsi que des cibles prévues à cet effet dans une scène appartenant au monde réel.

Je vais décrire en détail ces neuromécanismes, mais je voudrais tout d'abord marquer leur différence par rapport aux machines inventées et aux robots ; je souhaiterais aussi résumer la façon dont les humains se sont servi de machines et d'espèces animales pour accomplir diverses tâches. Il est clair que, par le passé, en procédant ainsi, on n'a jamais postulé que les machines dont on se servait pouvaient être conscientes. De temps en temps, on a supposé que les animaux aidant les hommes à accomplir divers efforts étaient conscients. Mais ce postulat était secondaire par rapport à l'idée que ces animaux étaient capables de comportement acquis.

À l'époque des grandes pyramides, les hommes se servaient de machines simples et d'animaux. On utilisait aussi ce qu'on pourrait appeler des machines passives ou informationnelles, par exemple pour les premières observations astronomiques. Qu'elle ait été passive ou active, une machine était un mécanisme conçu ou formé pour accomplir une fonction ou tâche spécifique. Outre l'usage des leviers et des roues, et avant l'invention de machines plus complexes, deux espèces animales, les chevaux et les chiens (et plus rarement les bœufs et les éléphants pour le trait et le portage), étaient utilisées pour effectuer les tâches de locomotion et de garde du troupeau. Après l'application de la machine à vapeur aux chemins de fer et du moteur fondé sur le cycle d'Otto aux automobiles, le cheval n'a plus été employé que rarement pour la locomotion.

L'application de machines sophistiquées s'est considérablement étendue avec l'invention des procédés de communication – à savoir le télégraphe, le téléphone, la radio et la télévision. Et l'explosion des applications nées de l'invention de l'ordinateur numérique, nourrie par la physique des solides et la microélectronique, continue à affecter notre vie.

En un sens, on pourrait en conclure que l'ordinateur numérique, qui est sans doute l'invention la plus intéressante du XXe siècle, est la machine par excellence. La démonstration de Turing, selon laquelle on peut envisager une machine universelle qui pourrait réussir à effectuer n'importe quelle séquence de calculs fondés sur des procédures efficientes, est une généralisation spectaculaire de l'idée de machine[2].

Pourquoi alors ne pouvons-nous considérer que les théories d'Alan Turing s'appliquent *grosso modo* au cerveau ? Nous avons déjà indiqué qu'au cours du développement du cerveau, certains coups de dé se produisent ; c'est incompatible avec la structure de la machine de Turing. De plus, le monde auquel sont confrontés le corps et le cerveau n'est pas sans ambiguïtés (il ne satisfait donc pas ce qu'exige une séquence d'algorithmes ou de procédures efficientes). Les cerveaux doivent donc opérer *ex post facto* par sélection opérant sur des répertoires de variantes. Un neuromécanisme doit donc opérer lui aussi par sélection quand il est confronté à des contextes changeants dans le monde réel.

Pourquoi ne pas construire un robot ? pourrait-on se demander. Un robot est un « procédé multifonctionnel et programmable conçu pour manipuler ou transporter des éléments, des outils ou des instruments spécialisés afin d'effectuer des tâches spécifiques au moyen de diverses structures[3] ». De la fin des années 1940 à aujourd'hui, le développement de la robotique a été vraiment impressionnant et les grandes industries concernées par la production et le contrôle ont accordé de plus en plus d'attention au développement futur de ces engins. On espère construire un robot complètement autonome, qui pourrait réussir à naviguer dans un environnement afin d'accomplir diverses tâches, dont l'interaction avec les personnes, à l'instar des chevaux et des chiens de troupeau dans le passé. Pour l'heure, cette idée ne s'est pas réalisée, bien que certaines étapes aient pu être franchies. Cependant, de tels procédés ne sont à aucun degré fondés sur le cerveau ni sur la neuroanatomie, laquelle est régie par des principes sélectionnistes.

Quelles sont les possibilités de construire des mécanismes fondés sur de tels principes ? C'est pour répondre à cette question qu'on a construit les neuromécanismes mentionnés plus haut. Il s'agissait aussi, plus généralement, de savoir comment fonctionne le cerveau. La solution à ce problème continuera à dépendre des expériences menées sur des animaux vivants appartenant à diverses espèces et ayant des comportements dans des environnements difficiles bien réels. De telles expériences ont énormément fait progresser nos connaissances en neurosciences. Mais il y a une limite, et elle est épistémologique et même éthique : sur un unique animal vivant, on ne peut simultanément (ni même successivement) examiner *tous* les événements cérébraux et corporels survenant à tous les niveaux, des molécules au comportement. À défaut, il est difficile et parfois même impossible de saisir les interactions à de multiples niveaux qui sont nécessaires pour comprendre les origines des réponses neurales complexes et du comportement. Toutefois, si nous pouvions construire un neuromécanisme dont on puisse suivre dans tous leurs détails les fonctionnements, il deviendrait possible d'accéder aux événements cérébraux à de multiples niveaux et à leurs interactions avec le comportement.

C'est cette possibilité qui a inspiré un programme sur douze ans développé à l'Institut des neurosciences, dans le cadre duquel des scientifiques et des ingénieurs ont construit des mécanismes qui ont des comportements dans le monde réel, agissent de façon autonome dans un environnement ; ils sont guidés par des cerveaux simulés dont la structure et la dynamique sont fondées sur les principes sélectionnistes. Dans ce programme, une série de neuromécanismes ont été réalisés ; leurs artefacts successifs ont été baptisés Darwin. Pour donner une idée de leur conception, je considérerai la structure et l'action de trois des plus récents : Darwin VII, Darwin VIII et Darwin X (voir figure 3 pour une photo de Darwin VII)[4].

Le cerveau de ces mécanismes est simulé dans une puissante batterie d'ordinateurs. Ses réponses sont transmises par des liaisons sans fil avec le corps ou « phénotype » du mécanisme comportemental appelé Nomad (*neurally organized mobile adaptive device*). Le phénotype réel peut être modifié pour inclure divers senseurs présents sur la plateforme arrondie capable d'explorer un environnement aux caractéristiques changeantes. La plupart des plateformes Nomad disposent d'une caméra couplée pour la vision, de deux micros intégrés dans leurs structures pour entendre et d'une pince capable de saisir des blocs portant diverses structures visuelles, ainsi que, dans certains cas, des protubérances poilues capables de distinguer des surfaces ayant divers degrés de rugosité. Les environnements dans lesquels les divers Darwin agissent consistent en pièces qui vont de trois à six mètres de long, au sol et aux parois noirs, éclairées par des lumières au plafond. Dans ce type d'environnement, les plateformes Nomad prennent divers chemins de façon autonome en réponse aux signaux visuels, auditifs et tactiles.

Les cerveaux simulés consistent en aires neuroanatomiques bien définies fondées, par exemple, sur le cortex

Figure 3.

*Le neuromécanisme Darwin VII a appris lui-même à attraper et à « goûter » les blocs rayés et à éviter ceux qui portent des ronds. Il possède une caméra couplée pour les entrées visuelles, des micros aux deux « oreilles » pour les entrées auditives et une rangée de senseurs infrarouges pour éviter les collisions. La pince qu'on voit attraper le bloc rayé peut sentir la conductivité (« goûter ») et attraper les blocs qu'elle rencontre en se déplaçant. Son cerveau simulé est fondé sur les systèmes nerveux des vertébrés, et il fonctionne par sélection plutôt que par instruction.*

visuel, le cortex temporal inférieur, le cortex auditif et le cortex somatosensoriel des mammifères (voir figure 1). Les unités neuronales constituant ces aires sont connectées au moyen de synapses et le poids des connexions entre les diverses unités est en général modifiable selon une règle modélisant le changement de force synaptique. En outre, les circuits anatomiques simulés contiennent l'équivalent de systèmes de valeur modélisés sur ceux qu'on voit dans les cerveaux réels. C'est essentiel pour contraindre les réponses sélectionnistes d'un cerveau d'un Darwin donné en fonction de ses propres signaux et à ceux de l'environnement.

Les unités neuronales répondent selon un modèle de taux d'allumage moyen ; dans ce modèle, chaque unité représente les réponses collectives d'un groupe de cent neurones approximativement. Ces réponses suscitent une série de sorties motrices qui déclenchent les mouvements exploratoires ou réactifs du Darwin en question. Prenons par exemple Darwin VII.

Avant exercice, Darwin a traversé son environnement à la faveur d'une série de mouvements exploratoires. Attiré par sa réponse visuelle, il s'est approché de blocs recouverts sur le dessus de bandes verticales ou horizontales ou de ronds. Une fois qu'il s'était approché, le neuromécanisme tentait de « goûter » un bloc proche avec sa pince. Le « goût » était défini par l'expérimentateur par la conductivité faible ou forte (la pince était capable de mesurer cette variable au contact). Arbitrairement, une faible conductivité conduisait à de l'activité dans le système de valeur se traduisant par des mouvements de retrait, alors qu'une forte conductivité déclenchait des mouvements d'approche et la saisie du bloc par la pince.

Moyennant ces contraintes et sans instruction, les exemples de Darwin VII attrapaient au début les « bons » et les « mauvais » blocs à goûter. Rapidement, Darwin VII a cependant été conditionné pour lever et goûter seulement les « bons » blocs rayés et pour éviter les « mauvais » blocs recouverts de ronds. Si les blocs avec ronds émettaient une note basse, Darwin VII a pu être conditionné secondairement pour les éviter quand il en approchait et pour « goûter » les blocs rayés émettant des notes hautes.

Pendant tout ce conditionnement primaire et secondaire, l'expérimentateur pouvait enregistrer la totalité des réponses du système nerveux de Darwin VII, contenant 25 000 groupes de neurones et 500 000 synapses. On a ainsi découvert, par exemple, qu'une aire simulant le cortex temporal inférieur répondait par une structure d'activité de ses groupes de neurones qui était caractéristique et relativement invariante dans ses réponses aux bandes rayées, quelle que soit la position dans l'espace. Cette structure devenait différente pour les réponses aux ronds. L'invariance ne se développait qu'après des séances complètes de mouvement et de comportement caractéristiques de ce Darwin VII-là. Un autre individu ayant la même anatomie développerait sa caractéristique propre et ses structures « temporales inférieures » uniques ! Le cerveau de ces neuromécanismes, tout comme nos cerveaux sélectionnistes, développait des structures d'activité individuelles qui ne se traduisaient pas moins par des réponses comportementales similaires entre différents individus.

Une fois ces données présentées, je décrirai très brièvement le comportement des deux autres neuromécanismes, Darwin VIII et Darwin X. Le premier ressemblait à Darwin VII, mais son système nerveux avait une caractéristique de plus : il était capable de réentrée. La présence de connexions réentrantes à longue portée lui permettait de distinguer entre de multiples objets pouvant être confondus et qui avaient différentes couleurs et différentes formes. Face à des objets verts et carrés et à des objets rouges ayant la forme d'un diamant disposés sur le même mur, ainsi qu'à des carrés verts et rouges placés sur le mur opposé, il était capable de se tourner sélectivement vers un carré vert sur n'importe quel mur s'il avait reçu un signal de valeur auditif positif tout en voyant un carré vert. S'il était apte à effectuer cette distinction, c'était parce que la réentrée lui permettait de résoudre le problème de la liaison – à savoir comment différentes aires cérébrales peuvent synchroniser et intégrer leur fonctionnement isolé en l'absence d'aires de direction. Il associait correctement la couleur verte et la forme carrée par allumage synchrone de groupes de neurones sélectionnés dans l'aire temporale inférieure de son cerveau simulé.

Darwin X incorporait une autre région essentielle du cerveau, l'hippocampe, ainsi que bien plus de groupes de neurones et de synapses. Les groupes étaient plus de 100 000 et comptaient 2,5 millions de synapses entre eux. L'hippocampe des animaux est responsable de la mémoire épisodique, c'est-à-dire de la mémoire à long terme des séquences d'événements. Il est aussi responsable de l'aptitude des animaux (par exemple d'un rat) à se situer dans l'espace sur la base d'indices reçus de l'environnement. Placer un rat dans ce qu'on appelle un labyrinthe aquatique de Morris, par exemple, l'incitera à nager dans l'eau laiteuse jusqu'à ce qu'il trouve sans le faire exprès une plateforme cachée, sur laquelle se reposer de l'expérience apparemment désagréable consistant à nager sans direction. Son hippocampe lui permet de se rappeler les indices visuels figurant sur les murs qui l'entourent. Placé de nouveau dans n'importe quel endroit de la piscine, le rat peut nager assez directement vers la plateforme cachée. Ce phénomène est fondé en partie sur l'activité de ce qu'on appelle les cellules du lieu, situées dans l'hippocampe, et sur une série d'interactions entre celui-ci et le cortex cérébral.

Darwin X a été placé dans une position similaire, mais sans eau. À la place, il y a un cercle noir dont le reflet est différent de celui du sol noir sur lequel le mécanisme bouge. Le neuromécanisme ne peut voir ce cercle, mais quand il se trouve dessus, il peut le détecter grâce à un détecteur infrarouge qui perçoit le reflet du cercle et envoie un signal de valeur positif à son cerveau. Chacun des quatre murs de l'enclos dans lequel Darwin X bouge contient des bandes de différentes couleurs disposées différemment. Après avoir patrouillé dans l'enclos, Darwin X se souvient de ces structures. En suivant l'expérience qu'il a acquise à la faveur de quelques épisodes de valeur positifs une fois arrivé sur le cercle cible, il se dirigera plus ou moins directement vers lui quel que soit l'endroit de l'enclos dans lequel il sera initialement placé. En réalité, l'hippocampe simulé du mécanisme développe des cellules du lieu caractéristiques à l'instar des animaux vivants, par exemple des rats.

Même si leur développement n'en est encore qu'à une étape précoce, les performances des neuromécanismes sont clairement encourageantes. Plusieurs aspects du comportement de ces mécanismes doivent être mis en perspective. Premièrement, ce ne sont pas des robots, tels que définis précédemment. Leur comportement n'est pas programmé selon une séquence d'algorithmes fixée à l'avance. Il est vrai que leur cerveau est simulé dans une puissante batterie d'ordinateurs, mais aucune fonction cible n'est prescrite ni spécifiée au préalable, et la force synaptique dans le cerveau est fixée aléatoirement. Au lieu d'avoir un programme bien défini, le cerveau de ces mécanismes est fait pour avoir des structures neuroanatomiques et une dynamique neuronale modélisées sur ceux dont on sait qu'ils sont apparus durant l'évolution et le développement animal. De plus, ils sont situés dans un environnement qui leur permet d'accomplir n'importe quel mouvement parmi de nombreux possibles afin d'échantillonner diverses séquences de signaux. Surtout, bien que leur structure « spécifique à l'espèce » soit contrainte par une valeur « héritée », celle-ci n'est pas équivalente à une catégorie. Au lieu de cela, les mécanismes Darwin développent des catégories perceptuelles en se fondant sur leurs expériences dans le monde réel, et ils fabriquent en réponse des systèmes mémoriels adaptés.

Notez bien que les performances des neuromécanismes plaident à la fois contre le chauvinisme et le libéralisme extrêmes. Ces mécanismes ne sont pas faits de composants biochimiques. De plus, ce ne sont pas juste des logiciels fonctionnant dans une machine virtuelle. Même s'ils ne sont pas vivants, ils sont capables de conditionnement, de discrimination perceptive et de mémoire épisodique, sur un mode qui implique une dynamique des circuits ressemblant à celle qu'on observe dans le cerveau des animaux vivants.

Cela nous ramène à l'interrogation sur laquelle nous avons commencé : est-il possible de construire un artefact conscient ? Est-il nécessaire qu'un tel artefact soit conscient pour être vivant ? Un système vivant doit être considéré comme capable d'une autoréplication soumise à la sélection naturelle. Si les BBD (qui sont, présentement, loin de satisfaire les exigences définissant les systèmes conscients) sont instructifs à cet égard, une réponse possible consisterait à dire qu'un artefact conscient ne devrait pas nécessairement être vivant. Moyennant un corps doté de systèmes sensoriels et moteurs, ce qui serait nécessaire, c'est un haut degré de complexité dans l'équivalent simulé d'un système thalamocortical interagissant avec un système de ganglions de la base. Cette complexité est à l'heure actuelle irréalisable.

Outre ces limitations structurelles, une autre exigence s'impose pour satisfaire les critères raisonnables indiquant un comportement conscient. Un tel artefact devrait posséder un véritable langage, doté d'une syntaxe et d'une sémantique. En d'autres termes, il devrait avoir une forme de conscience supérieure. Ce n'est que grâce à cette caractéristique, le rendant capable de nous faire part de son expérience, que nous pourrions tester expérimentalement son fonctionnement cérébral avec des résultats suffisants pour justifier de conclure que l'artefact était probablement conscient.

Cet objectif est pour l'heure lointain. Pour autant, il est intéressant de considérer ce qu'un artefact, s'il était capable d'effectuer les discriminations dimensionnelles fines qui sont caractéristiques d'un cerveau humain, rapporterait des structures et des cohérences présentes dans le monde physique. Ferait-il état de cohérences semblables à celles de notre physique ? Ou bien, vu son phénotype, découperait-il le monde sur un mode semblable à ceux qu'on voit dans les troubles neuropsychologiques ?

Quoi qu'il en soit, si une telle entité était conçue, il serait fascinant d'explorer si elle pourrait être incorporée à une machine hybride, à une machine perceptive de Turing[5]. Un tel hybride combinerait les forces des machines syntaxiques, comme les ordinateurs fondés sur des programmes humains, avec les aptitudes sémantiques d'un artefact capable de traiter la nouveauté et des entrées non sujettes au calcul.

Un jour, un artefact conscient pourra probablement être construit. Mais cela reste un objectif éloigné. Même s'il est atteint, un tel mécanisme ne remettra pas en cause notre caractère unique. Souvenez-vous que le cerveau est incorporé et que nous sommes pris dans une éconiche et une culture qu'on ne peut dupliquer ni même imiter. Le phénotype humain, dans toute sa complexité, est ce qui alimente nos qualia particulières. La probabilité d'égaler un tel phénotype tend vers zéro. Les précieuses qualités de notre état phénoménal sont sûres de ne pas être dépassées ni remplacées.

Étant donné ces restrictions, on peut éluder la question éthique suivante : quelles seraient les responsabilités humaines, par exemple, si l'on retirait à un tel artefact ses capacités conscientes une fois qu'il aurait accumulé de l'expérience et développé une identité unique ? Ce problème, qui ne se pose pas aujourd'hui, est lié à la valeur instrumentale et morale de la connaissance humaine elle-même.

Chapitre 13

# *Notre seconde nature*

## LA TRANSFORMATION DE LA CONNAISSANCE

« Ma fin est mon début. »
T. S. Eliot

Nous faisons partie de la nature et nous sommes pris en elle sur le mode que Darwin a réussi à décrire. Mais souvent, dans notre tête, nous avons une façon de regarder le monde qui semble « naturelle » ou est comme une « seconde nature », alors que des données scientifiques prouvent le contraire. Faut-il réconcilier ces deux natures ? Certains, qui tiennent exclusivement à la partie imaginative de nous-mêmes ou à l'art, diraient que ce n'est pas nécessaire. D'autres, qui sont dans le camp du réductionnisme scientifique extrême, argueraient que, finalement, tous les sujets produits par l'esprit doivent se réduire à des explications fondées sur les sciences du cerveau, sur ce qu'on appelle des règles épigénétiques.

Il est clair que la voie que j'ai suivie ici diffère de ces deux positions. J'ai cherché une réconciliation en examinant comment le sommet de notre vie mentale, la conscience, est apparu au cours de l'évolution. L'examen des bases biologiques de la conscience révèle qu'elle est fondée sur un système sélectionniste. Cela permet de comprendre la complexité, l'irréversibilité et la contingence historique de notre expérience phénoménale. Ces propriétés, qui affectent la façon que nous avons de connaître, excluent la réduction généralisée à la description scientifique de certains produits de notre vie mentale tels que l'art et l'éthique. Mais cela ne signifie pas que nous devions invoquer d'étranges états physiques, le dualisme ou le panpsychisme pour expliquer l'origine des qualia conscientes. Toute notre vie mentale, qu'elle soit réductible ou non, est fondée sur la structure et la dynamique de notre cerveau. Darwin avait raison de rejeter la remarque de Wallace selon laquelle l'esprit humain n'a pu apparaître en vertu de la sélection naturelle[1]. Comme j'espère l'avoir montré, un ensemble d'événements liés à l'évolution a produit les bases neuroanatomiques de la réentrée, laquelle a conduit au développement d'un nombre considérable d'états discriminatoires ou qualia, qui sont caractéristiques de l'expérience consciente.

Les limites épistémologiques qui sont imposées par les propriétés complexes du noyau thalamocortical réentrant ne nous empêchent pas d'étudier les corrélats neuraux de la conscience. Mais même une grande quantité d'expériences menées sur ces corrélats ne nous fournira pas en soi de quoi comprendre comment se produisent les qualia. Comme j'espère l'avoir montré, cette compréhension, ce sont les analyses logiques et linguistiques participant de la neuroépistémologie qui l'apporteront.

Les avantages adaptatifs conférés par l'évolution des arrangements neuronaux du noyau dynamique sont évidents. L'activité de ces arrangements neuronaux a permis à un animal d'effectuer une quantité considérable de discriminations entre états à la fois internes et externes, et parmi une grande variété de modalités. Les qualia, qui sont ces discriminations, diffèrent les unes des autres, parce qu'elles s'originent dans les interactions intégratives d'arrangements neuraux très différents. C'est ce qui a favorisé la planification de réponses adaptatives chez les animaux conscients. Bien que nous ignorions comment c'est d'être une chauve-souris alors que nous savons (par expérience ou homologie) comment c'est d'être humain, nous pouvons raisonnablement conjecturer que, dans ses discriminations, un état du noyau de chauve-souris sera dominé par le sonar, puisque le nôtre tend à l'être par la vision.

L'efficacité de notre expérience consciente est une question clé. Le problème que pose la liaison de l'action neuronale avec l'expérience subjective phénoménale est résolu par l'analyse causale. Les qualia sont entraînées par des neurones du noyau qui engendrent des états nouveaux et des scènes conscientes. Ainsi les qualia ne sont-elles pas plus *causées* par les états neuraux que le spectre de l'hémoglobine ne l'est par la structure de cette protéine – ce qu'on appelle le spectre de Soret est entraîné par sa structure moléculaire. Dans le cas des systèmes du noyau dans le cerveau, la relation d'entraînement est fiable même si elle est dégénérée. Toutes choses égales par ailleurs, le même état du noyau n'entraînera pas de qualia radicalement différente.

Les qualia ne sont pas par elles-mêmes causales ; supposer le contraire irait contre les lois de la physique. Mais il n'est pas nécessaire qu'elles le soient, étant donné la fidélité et l'efficacité causale des états du noyau que nous avons appelés C'. Les qualia correspondantes, que nous avons appelées C, sont informatives même si elles ne sont pas causales. À l'heure actuelle, comme nous n'avons pas les moyens de complètement détailler les interactions en quantité astronomique des neurones du noyau, C fournit le seul indicateur que nous ayons quant à quelque état C' du noyau que ce soit. Notre incapacité méthodologique à réduire en termes cellulaires ou moléculaires les événements mentaux ou conscients accompagnant des champs comme l'éthique et l'esthétique, qui apparaissent lorsque, entre nous, nous parlons le « langage C », ne doit pas être considérée comme résultant de l'existence d'un domaine radicalement inaccessible.

Selon les vues exposées ici, même en considérant que certaines expériences conscientes subjectives sont irréductibles, nous pouvons comprendre comment notre seconde nature émerge à partir de fondements qu'il est possible de décrire scientifiquement. Bien qu'il soit vrai qu'une description scientifique soit plus proche de la structure de ce monde-ci que nos impressions ordinaires, notre façon de rendre compte du fonctionnement du cerveau suggère que les hypothèses scientifiques elles-mêmes apparaissent à partir de propriétés ambiguës (et parfois irréductibles) qui donnent lieu à une reconnaissance de structure. Les structures et la dynamique du cerveau donnant de telles propriétés *peuvent être* décrites scientifiquement, même si les propriétés elles-mêmes ne peuvent être complètement réduites. Des considérations similaires valent pour les échanges culturels qui donnent naissance à l'art et à l'éthique, dont les relations ne se prêtent pas entièrement à une réduction scientifique rigoureuse. Aucune limitation de notre potentiel n'est en jeu ici. La créativité dans le domaine de l'expérience sociale, les développements artistiques et l'expansion de notre savoir dans toutes les sphères n'ont à l'évidence pas de limite.

Globalement, les observations et les théories scientifiques peuvent fournir des descriptions des événements survenant dans le cerveau qui se traduisent par de telles activités. La grande séquence comprenant le Big Bang, le cosmos, les galaxies, la Terre, l'origine de la vie, l'évolution, le cerveau des mammifères, le développement du noyau chez les hominidés, le langage, la science galiléenne, la relativité et la mécanique quantique, les neurosciences modernes et les bases neurales de la conscience permet d'expliquer l'arrière-fond, voire les détails, de l'histoire subjective des individus. Cette histoire est en retour prise dans cette séquence et rend compte de ses productions humaines. Elle dérive au bout du compte de la sélection naturelle. Cette vision globale remplit l'arc de Galilée et aide à compléter le programme de Darwin.

En quoi cette vision, dérivée de la neuroépistémologie, diffère-t-elle de celle de Quine ? Comme je l'ai mentionné au début de ce livre, ce dernier considérait que la conscience était un mystère, mais il la tenait à juste titre pour une propriété du corps. Il rejetait le rêve cartésien de certitude scientifique. Il suggérait plutôt que l'épistémologie soit naturalisée en termes de stimulation de nos récepteurs sensoriels par les signaux issus du monde extérieur, sans nier les sens eux-mêmes. De cette façon, il suggérait, de façon assez fructueuse, de relier les analyses philosophiques et logiques à la science. Il a limité sa perspective aux récepteurs sensoriels et ne s'est pas intéressé lui-même à la vie mentale, parce qu'il estimait qu'introduire l'intentionnalité dans une théorie scientifique du monde détruirait « la pureté cristalline de l'extensionnalité : c'est-à-dire la substitutivité de l'identité[2] ». Tout en adoptant cette position, cependant, il n'a pas exclu l'exploration scientifique des questions intentionnelles. Je soupçonne qu'il admettait les limitations de la connaissance en son temps et que, s'il avait bénéficié de nos connaissances fondées sur des recherches sur la conscience, il aurait étendu son champ.

Grâce aux neurosciences modernes, bien des limitations à cet égard sont tombées. La notion d'intentionnalité due à Franz Brentano, à savoir l'observation selon laquelle les états conscients portent généralement sur des objets ou des événements, peut s'expliquer par la théorie étendue du darwinisme neural[3]. On estime que la conscience apparaît en vertu de la catégorisation perceptuelle qui interagit avec les systèmes mémoriels. Par nature, une telle catégorisation, quoique non consciente, porte nécessairement sur des objets et des événements.

Selon moi, nous ne détruisons pas la pureté cristalline de la proposition de Quine en allant au-delà des récepteurs sensoriels. Nous pouvons plutôt l'étendre à des domaines qui étaient exclus par l'épistémologie traditionnelle. Il est vrai que la démarche que j'ai adoptée ne préserve pas la frontière nette entre psychologie et épistémologie que certains veulent maintenir. C'est un avantage : avec cette démarche, nous pouvons utilement considérer l'origine de la logique dans le langage, la contribution de la reconnaissance de structures imaginaires en mathématiques, les origines historiques et théoriques de l'empirisme scientifique, et toutes sortes de questions artistiques et normatives. Bien sûr, les frontières séparant ces domaines doivent être précisées. Mais nous ne considérerons plus que les origines de la croyance vraie démontrée ne se trouvent que dans le langage, même si celui-ci est central pour la conscience supérieure. Fondamentalement, admettre la neuroépistémologie revient à accepter les données empiriques issues des neurosciences aussi bien que de la psychologie pour aiguillonner nos conceptions de l'origine et de la nature de la connaissance humaine.

Cette acceptation ne veut pas dire que la neuroépistémologie est exhaustive ou qu'elle exclut les fonctions normatives scientifiquement fondées qui sont liées aux questions épistémologiques. La principale force de la démarche neuroépistémologique est qu'elle fournit des assises scientifiques à une vision pluraliste de la vérité. En même temps, elle permet de formuler d'utiles contraintes quant à la façon dont nous acquérons des connaissances. Intégrant une vision scientifique de la conscience, elle conduit à rejeter la position selon laquelle le naturalisme mine l'autorité de la première personne, ruine l'illusion de la volonté conscience. Étant donné sa position sur les origines du langage et les effets de la culture, la neuroépistémologie n'a pas de problème avec les jugements normatifs qui vont au-delà de la justification posée par l'épistémologie traditionnelle. Elle est entièrement compatible, par exemple, avec les propositions selon lesquelles un des grands objectifs de l'épistémologie est d'établir des normes qui assurent l'excellence du raisonnement[4].

La vérité, bien qu'elle ait des origines hétérogènes, est en elle-même normative et mérite ainsi qu'on s'y arrête[5]. Les moyens et les méthodes pour établir la vérité sont nombreux et différents. Et on ne peut faire directement le lien avec l'évolution et la physiologie du cerveau[6]. L'un des principaux messages de ce livre est que, même si nous devons reconnaître que l'évolution et la sélection des groupes de neurones fournissent les bases et les contraintes pour l'acquisition des connaissances, ce sont les facteurs historiques, socioculturels et linguistiques qui établissent les critères normatifs de la vérité[7]. Ces critères ne peuvent, ainsi, être établis de façon naturaliste. Voilà un point clé.

Analysant la conscience en termes scientifiques, le darwinisme neural rejette le fondationnalisme et le dualisme cartésiens. La physique et la biologie peuvent vivre ensemble si l'on admet que chacune a ses origines historiques dans l'expérience humaine. Dire un mot de la relation entre cette expérience et l'entreprise scientifique peut être utile. Par suite de l'évolution des hominidés et de la coévolution de la culture, il est devenu possible de développer la physique expérimentale et théorique, évoquée pour la première fois dans l'œuvre de Galilée. Les observateurs et les expérimentateurs scientifiques ont ensuite développé des descriptions qui ont conduit à formuler des lois générales. Il convient de souligner que ces descriptions ne sont pas les événements décrits. Malgré le pouvoir de prédiction et d'invention conféré par la science, elle ne duplique pas le monde.

De plus, après Darwin, lorsqu'il est devenu possible d'appliquer les démarches scientifiques globales au fonctionnement du cerveau et à la conscience, une limite semblable est devenue apparente : la description scientifique n'est pas l'expérience. Bien sûr, la description de la conscience nous aide à comprendre notre expérience d'une façon que la seule physique ne permettrait pas. Pour autant, il est important de reconnaître la priorité de l'expérience quand il s'agit de donner lieu à des descriptions qui éclairent les bases de cette expérience elle-même.

Une fois que la conscience supérieure et le langage œuvrent pour connecter la pensée, l'émotion, la mémoire et l'expérience, le nombre de combinaisons discriminantes croît sans limites. Dans les couloirs de l'esprit, on rencontre aussi bien les certitudes liées aux idées mathématiques que les fantasmes tirés du *Songe d'une nuit d'été.* Souvent, les parties de notre seconde nature qui dévient le plus de la vérité sont précisément celles qui sont nécessaires pour établir de nouvelles vérités. Mais elles ne suffisent pas. Divers critères doivent être appliqués pour établir chaque sorte de vérité. L'idée fondamentale ici est que la vérité n'est pas donnée ; c'est une valeur qui doit être travaillée à la faveur de nos interactions personnelles et interpersonnelles. La richesse de ces interactions n'est pas surprenante, étant donné l'associativité et la dégénérescence des interactions réentrantes dans le cerveau.

Si, dans nos descriptions scientifiques des événements du monde et de la conscience, nous ne dupliquons ni les événements ni l'expérience, cette expérience personnelle est-elle une forme de connaissance ? Étant donné tout ce que recouvre la conscience supérieure et malgré sa subjectivité, nous devons admettre que les qualia sont des formes discriminantes de connaissance. Si l'on y ajoute les multiples possibilités de reconnaissance de structure, la métaphore et la complexité, une telle connaissance va au-delà des aspects formels de la croyance vraie démontrée.

Si nous adhérons à ce jeu de langage, nous devons préciser la connexion qui existe entre la connaissance et la vérité. Dans cette conception, connaissance et vérité ne sont pas identiques. Si l'on adopte cette position, on doit admettre que l'expérience créative individuelle et même les altérations psychiatriques sont des formes de connaissance. Il est certain aussi que les échanges vécus quand on réagit à une œuvre d'art peuvent être considérés ainsi. Tout en admettant que des aspects divers de la vérité émergent de l'échange intersubjectif, nous sommes enclins à rabaisser ou du moins à limiter cette vision large. Mais puisque la vérité est engendrée par diverses formes de connaissance, nous devons au moins admettre certains aspects de cette vision laxiste.

Cela pose un problème. Supposons qu'un individu connaisse réellement en détail comment fonctionne son cerveau. Cette personne abandonnerait-elle ses réactions pour d'autres, en termes d'attitudes propositionnelles – croyances, désirs et intentions ? Je ne crois pas. Mais la connaissance des fonctionnements du cerveau pourrait au moins donner à cette personne la capacité de rejeter ses préjugés et ses paroles ridicules.

Il se peut qu'un bref résumé des prémisses de la neuro-épistémologie puisse éclairer ces problèmes. Une question clé est liée à celle d'A. J. Ayer : comment un système de perceptions peut-il être développé et servir de base à la croyance[8] ? Je reverrais cette question en ajoutant après le mot « perceptions » l'expression « et une théorie de la conscience ». Ayer a aussi déclaré que savoir, c'est être capable de faire. Cette affirmation pragmatique est juste jusqu'à un certain point, mais elle doit être modifiée pour inclure la connaissance des humeurs, par exemple, où faire n'entre pas en jeu. Examinons comment les prémisses de la neuroépistémologie peuvent nous conduire à des réponses utiles.

Premièrement, la neuroépistémologie voit dans la physique et la biologie de l'évolution des plateformes essentielles sur lesquelles fonder ses assertions. Elle rejette donc l'idéalisme, le dualisme, le panpsychisme et toute idée de représentations mentales qui seraient sans fondement dans la structure cérébrale. La neuroépistémologie soutient que notre connaissance n'est ni une copie directe de notre expérience, ni un transfert direct de nos états mémoriels. Pour autant, elle est entièrement compatible avec la construction de systèmes logiques fondés sur le langage et l'expérience, ainsi que des mathématiques, conçues comme l'étude des objets mentaux stables.

Il est frappant, mais peut-être pas surprenant, que l'épistémologie de la science physique moderne soit quelque peu évasive sur ces questions. Au contraire, la neuroépistémologie n'est pas évasive sur le sujet qui perçoit, lequel est historiquement et créativement antérieur à la science physique. Il est vrai que nous pouvons expliquer l'origine dans l'évolution de ce sujet percevant par des moyens scientifiques. Mais seuls le darwinisme neural et la sélection naturelle donnent les *bases* pour toute une série d'événements historiques et culturels réels qui affectent notre connaissance et notre comportement. Qui admet les principes du darwinisme neural et les idées explorées ici trouvera sans doute difficile de complètement admettre les propositions de l'épistémologie évolutionniste et les idées de la psychologie évolutionniste, car ces deux champs sont réductionnistes à l'excès.

Nous n'héritons pas d'un langage de la pensée. Au lieu de cela, les concepts se sont développés à partir des encartages par le cerveau de ses propres cartes perceptuelles. En fin de compte, les concepts portent donc d'abord sur le monde. La pensée elle-même est fondée sur des événements dans le cerveau qui résultent de l'action des régions motrices ; et cette activité n'est pas faite pour produire de l'action. La neuroépistémologie part du principe que les structures sous-corticales telles que les ganglions de la base sont essentielles pour assurer la séquence de ce type d'événements cérébraux, ce qui crée une sorte de pré-syntaxe. La pensée peut donc se développer en l'absence de langage. Dans sa forme précoce, elle dépend de modes métaphoriques et de ce que le linguiste George Lakoff et le philosophe Mark Johnson ont appelé des schèmes-images[9]. Cette activité métaphorique est fortement stimulée par le pouvoir associatif des circuits dégénérés du cerveau. Bien sûr, avec l'acquisition du langage, ces pouvoirs se sont considérablement étendus. En tout cas, notre cerveau, muni de ses aptitudes à la reconnaissance de structure, à la fermeture et au remplissement, va bien au-delà des informations qui lui sont données, comme l'a souligné Jerome Bruner[10].

Selon la neuroépistémologie, la réussite de la logique et à un certain degré des mathématiques a dépendu de la conscience supérieure, dont l'expression complète repose en retour sur l'acquisition d'un véritable langage. C'est suite à l'évolution de la bipédie, d'un espace supralingual, d'une présyntaxe pour le mouvement dans les ganglions de la base et d'un cortex cérébral plus gros que le langage a pu être inventé. La théorie rejette l'idée de dispositif d'acquisition du langage qui, dans le cerveau, serait génétiquement hérité. Elle soutient que l'acquisition du langage est épigénétique. Son acquisition et sa diffusion dans les communautés linguistiques ont, à l'évidence, favorisé ses détenteurs par rapport aux hominidés dépourvus de langage, même si aucun héritage direct d'une grammaire universelle n'est entré en jeu. Et les hominidés usant du langage ont alors pu être encore favorisés par la sélection naturelle agissant sur les systèmes d'apprentissage qui favorisent les aptitudes linguistiques.

Quel est le « monde » de ces individus aptes au langage ? Qu'est-ce qui est objectif et qu'est-ce qui est subjectif ? La neuroépistémologie ayant rejeté l'idéalisme, elle admet une position dite de réalisme qualifié[11]. Son réalisme est qualifié par sa reconnaissance de nos limites phénotypiques. Les contraintes pesant sur nos types corporels évolués et sur notre cerveau en tant que système sélectionniste ne nous permettent à l'évidence qu'un échantillonnage limité des événements du monde, dont la densité est énorme. Nous avons déjà examiné le fait que la variation dans un système sélectionniste est à un certain degré indépendante des événements sélectifs qui agissent de façon à modifier la force synaptique des groupes de neurones particuliers. Il n'y a pas d'états mentaux infaillibles ni impossibles à corriger dans l'opération des cerveaux normaux. Nous pouvons même être dans l'erreur quant à un état phénoménal – une hallucination peut avoir un contenu mais pas d'objet. De plus, nous avons déjà discuté la tendance de l'action du cerveau à trouver de la fermeture, à produire du remplissement et à affabuler si nécessaire. Surtout, nous sommes possédés par certaines illusions nécessaires. Un exemple en est ce que j'ai appelé l'illusion héraclitéenne – à savoir que le temps est le mouvement d'une période ou d'un point qui progresse du passé vers le futur à travers le présent. En fait, le passé et le futur sont des concepts ; seul le présent remémoré peut être relié immédiatement aux événements réels survenant dans l'espace-temps einsteinien.

À la base de toutes ces propriétés se trouve l'activité causale du système thalamocortical réentrant ou noyau dynamique du cerveau, dont les structures neurales intégratrices et complexes entraînent la conscience. De pair avec l'activité des systèmes non conscients, ces structures donnent lieu à l'apprentissage, à la mémoire et au comportement. Le behaviorisme, philosophique ou autre, est rejeté par la neuroépistémologie, qui considère les actes mentaux comme conscients. Cela n'implique pas que les systèmes cérébraux non conscients n'ont pas de structures et de dynamique interagissant avec le noyau dynamique et l'influençant. À cet égard, les idées de Freud sur les sources inconscientes du comportement étaient prémonitoires[12]. Les riches interactions des systèmes sous-corticaux avec les systèmes de mémoire dans le cortex produisent des événements dans le monde local qui ne se seraient jamais produits si des organismes conscients tels que nous n'étaient pas apparus au cours de l'évolution.

Ce qui sort du substrat neural de la conscience supérieure, ce sont la création artistique, les systèmes éthiques et une vision scientifique du monde qui nous place parmi les choses. Cette vision représente une source de vérités vérifiables qui nous permettent d'étudier le cerveau en tant qu'il est l'organe nécessaire pour comprendre toutes les formes de vérité. La neuroépistémologie rejette cependant l'idée que l'art, l'esthétique et l'éthique peuvent se réduire à une série de règles épigénétiques dans l'action du cerveau[13].

Le fait que la réduction scientifique ne soit pas exhaustive n'est pas un mal. Comme je l'ai dit plus haut, la science est l'imagination au service de la vérité vérifiable. Son pouvoir ultime réside dans la compréhension, et, comme nous pouvons le voir autour de nous, sa portée technologique est étourdissante. Mais les origines dans le cerveau de l'imagination en science ne diffèrent pas de celles qui sont nécessaires pour la poésie, la musique ou l'édification de systèmes éthiques. Sur le modèle du darwinisme neural, qui reconnaît les dimensions historiques et créatives de la pensée humaine, aucun divorce n'est nécessaire entre les sciences et les sciences humaines et disciplines littéraires.

La science provient de divers événements culturels et, en général, elle n'induit ni ne prédit de tels événements. Mais, bien que la théorie scientifique soit nécessairement indéterminée, elle est un bienfait. Elle nous découvre les conditions structurelles de la façon d'être du monde et de la nôtre, ainsi que de la façon dont nous les connaissons. Nous pouvons avec confiance escompter que sa récente incursion dans l'analyse de la conscience révélera les origines et les limites de notre seconde nature, même si elle étendra et transformera notre vision de la connaissance humaine.

# *Notes*

## *Introduction*

1. H. Adams, *The Education of Henry Adams*, chap. 25, p. 379 ; trad. fr. *L'Éducation de Henry Adams*. Petit-fils et arrière-petit-fils de présidents américains, né à Boston et professeur à Harvard, Henry Adams (1838-1918) a notamment publié une histoire des États-Unis en neuf volumes. *L'Éducation de Henry Adams*, son autobiographie, a reçu le prix Pulitzer 1907 (NdT).

2. W. O. Quine, *Ontological Relativity and Other Essays*, chap. 3 ; trad. fr. *Relativité de l'ontologie et autres essais*. Pour Quine, l'épistémologie a pour but de comprendre la science, mais pas de la fonder. C'est la science de la nature qui contient l'épistémologie (d'où le terme d'« épistémologie naturalisée ») et non l'inverse, comme c'est traditionnel. Il ne s'agit alors pas de justifier rationnellement les théories scientifiques, mais d'améliorer « la compréhension des chaînes de causation et d'implication qui connectent le bombardement de nos surfaces sensorielles avec notre théorie scientifique ». Cette nouvelle épistémologie, qui n'est ni fondationnelle ni purement descriptive, a pour but de savoir comment l'homme parvient à la science à partir des informations sensorielles, et ce en utilisant les acquis de la science établie, par exemple quant à l'acquisition du langage ou à la neurologie de la perception (NdT).

3. W. O. Quine, *Quiddities*, p. 132-133 ; trad. fr. *Quiddités*, p. 76-77.

4. W. James, « La conscience existe-t-elle ? ».

## Chapitre 1
## *L'arc de Galilée et le programme de Darwin*

1. A. N. Whitehead, *Science and the Modern World*, p. 2 ; trad. fr. *La Science et le monde moderne*.

2. C. Darwin, *L'Origine des espèces*.

3. Voir E. Mayr, *Histoire de la biologie*.

4. Descartes, *Discours de la méthode* et *Méditations métaphysiques*.

5. E. Schrödinger, *L'Esprit et la Matière*.

6. Voir J. Heil, *Philosophy of Mind*.

7. Alfred Wallace, le codécouvreur de la théorie de la sélection naturelle, écrivit à Darwin en 1869 pour exprimer ce qui constituait aux yeux de ce dernier une conception hérétique. Wallace affirmait que l'esprit et le cerveau de l'homme ne pouvaient avoir résulté de la sélection naturelle parce que le cerveau des sauvages était presque aussi gros que celui des Anglais, alors que les sauvages étaient incapables d'avoir une pensée abstraite. Darwin lui répondit en substance que son enfant et le sien, quoique incapables de pensée abstraite, n'en appartenaient pas moins à l'espèce humaine. Voir Kottler, « Charles Darwin and Alfred Russel Wallace ». Sur le contexte, voir R. J. Richards, *Darwin and the Emergence of Evolutionary Theories of Mind and Behavior*.

8. G. M. Edelman, *Bright Air, Brilliant Fire*, p. 188 ; trad. fr. *Biologie de la conscience*.

## Chapitre 2
## *La conscience, le corps et le cerveau*

1. G. M. Edelman, *Neural Darwinism*. Voir aussi mon article intitulé « Neural Darwinism », dans la revue *Neuron*. Ce sont des extensions de la théorie présentée pour la première fois dans G. M. Edelman et V. B. Mountcastle, *The Mindful Brain*. Tous ces textes sont des travaux académiques conséquents décrivant une théorie globale du fonc-

tionnement du cerveau qui a été de plus en plus confirmée au fil des ans. Voir les livres sur la conscience cités ci-dessous pour un résumé.

2. Pour une synthèse, voir G. M. Edelman, *Plus vaste que le ciel.* On trouvera une analyse plus fouillée dans G. M. Edelman, *The Remembered Present* et dans G. M. Edelman et G. Tononi, *Comment la matière devient conscience.*

3. Pour un premier aperçu, voir G. N. Reeke et G. M. Edelman, « Real brains and artificial intelligence ». Voir aussi J. R. Searle, *Minds, Brains, and Science.* On trouvera une discussion plus récente dans mon ouvrage intitulé *Biologie de la conscience.*

## Chapitre 3
## *Le sélectionnisme*

1. E. Mayr, *Histoire de la biologie* propose une excellente discussion de ce qu'est la pensée en termes de population.

2. Une brève description du système immunitaire et de la théorie de la sélection clonale se trouve dans G. M. Edelman, *Biologie de la conscience,* chap. 8, « Les sciences de la reconnaissance ».

3. G. M. Edelman, *Neural Darwinism* ; G. M. Edelman, *Plus vaste que le ciel.*

4. Ce concept est le plus délicat dans la théorie de la sélection des groupes de neurones. Une présentation simplifiée se trouve dans *Plus vaste que le ciel.*

5. Une revue des études portant sur le système de récompense dopaminergique se trouve dans M. A. Unglass, « Dopamine ».

6. Voir G. M. Edelman, *Neural Darwinism* ; G. M. Edelman, *Biologie de la conscience* et G. M. Edelman, *The Remembered Present.*

7. Ce concept important en biologie est discuté dans mes divers livres. Une présentation brève mais dense se trouve dans G. M. Edelman et J. A. Gally, « Degeneracy and Complexity in Biological System ».

## Chapitre 4
## *De l'activité du cerveau à la conscience*

1. Cette extension du darwinisme neural ou TSGN est traitée en détail dans les trois livres déjà cités : G. M. Edelman, *The Remembe-*

*red Present* ; G. M. Edelman, *Plus vaste que le ciel* ; G. M. Edelman et G. Tononi, *Comment la matière devient conscience*.

2. Ce point important, à savoir que les qualia sont précisément les discriminations que suscite le noyau dynamique, ce qui favorise les capacités d'adaptation, est succinctement résumé dans G. M. Edelman, « Naturalizing Consciousness ».

3. Cette question est discutée dans mon article intitulé « Naturalizing Consciousness », mais aussi au chapitre 7 de *Plus vaste que le ciel* ; pour une brève histoire des approches scientifiques de la conscience, voir T. C. Dalton et B. J. Baars, « Consciousness Regained ».

4. Freud, *Sur le rêve*.

## Chapitre 5
## *Malaise dans l'épistémologie*

1. Voir par exemple J. Dancy et E. Sosa éd., *A Companion to Epistemology*.

2. L. Wittgenstein, *Investigations philosophiques*.

3. Platon soutient que nous connaissons les choses et que, s'il en est ainsi, il doit exister des formes imperceptibles sur lesquelles porte la connaissance. Ces formes sont les choses réelles. Les objets de notre perception en sont des copies et sont moins réelles. Dans le *Ménon*, il affirme qu'un esclave illettré connaissait le théorème de Pythagore avant que Socrate ne l'en instruise. Ce nativisme n'est pas sans lien avec son essentialisme. Voir Platon, *Ménon*.

4. R. Descartes, *Discours de la méthode* et *Méditations métaphysiques*.

5. R. Rorty, *Philosophy and the Mirror of Nature* ; C. Taylor, « Overcoming Epistemology », p. 1. Une analyse plus serrée déplorant l'obsession épistémologique se trouve dans J. Searle, « The Future of Philosophy ».

6. W. O. Quine, « L'épistémologie naturalisée », *Le Relativisme ontologique et autres essais*.

7. J. Piaget, *L'Épistémologie génétique*. Voir aussi J. Piaget, *Biology and Knowledge*. Les exemples que je donne, à commencer par Quine, sont censés être significatifs et non exhaustifs. Pour une vue complète des diverses formes de naturalisme, voir P. Kitcher, « The Naturalists Return ».

8. Voir par exemple J. G. Messerly, *Piaget's Conception of Evolution*. Ce livre présente, mais ne critique pas réellement, la « biologie » de Piaget.

9. M. A. Bishop et J. D. Trout, *Epistemology and the Psychology of Human Judgment*.

10. Voir D. Campbell, « Evolutionary Epistemology ». On trouvera une présentation développée dans W. Callebaut et R. Pinxten éd., *Evolutionary Epistemology*.

11. R. Dawkins, *Le Gène égoïste*.

12. Voir L. Cosmides et J. Tooby, « From Evolution to Behavior ».

13. R. Lewontin, « Sociobiology. A Caricature of Darwinism » ; S. J. Gould, *La Malmesure de l'Homme* ; A. L. Caplan éd., *The Sociobiology Debate*.

## Chapitre 6
## *Une approche fondée sur le cerveau*

1. R. Boyd et P. J. Richerson, *The Origin and Evolution of Cultures*.

2. M. M. Merzenich, R. J. Nelson, M. P. Stryker, A. Schoppman et J. M. Zook, « Somato-sensory cortical map changes following digit manipulation in adult monkeys ».

3. Pour une analyse très riche de la métaphore en termes corporels, voir G. Lakoff, *Women, Fire, and Dangerous Things*. Une autre description liée se trouve dans M. Johnson, *The Body in the Mind*. Une synthèse mettant l'accent sur la psychologie est due au psychiatre bien informé A. H. Modell, *Imagination and the Meaningful Brain*.

4. La figure marquante est ici Noam Chomsky. Voir son analyse classique dans *Cartesian Linguistics*. Ses idées plus récentes sont reprises dans les ouvrages *Some Concepts and Consequences of the Theory of Government and Binding* et *Language and Thought*.

5. A. Tarski, « The concept of truth in formalized languages ».

6. Toute cette discussion n'est pas exempte de controverses. Voir par exemple les conceptions opposées se trouvant dans deux publications récentes et une perspective sur elles deux : C. Lemer, V. Izard et S. Dehaene, « Exact and approximate arithmetic in an amazonian indigene group » ; P. Gordon, « Numerical cognition without words » ; et la perspective sur ces deux comptes rendus, R. Gelman et C. R. Gallistiel, « Language and the origin of numerical concepts ».

7. S. Carey, « Bootstrapping and the origin of concepts ». Pour une présentation générale, voir S. Dehaene, *La Bosse des maths*.

8. Une autre citation est : « Dieu a créé les nombres entiers ; le reste est l'œuvre de l'homme. » Voir E. T. Bell, *Men of Mathematics*, p. 477.

9. G. M. Edelman et J. A. Gally, « Degeneracy and complexity in biological systems ».

10. Cette idée vient de Hume. L'illusion naturaliste a été mise en évidence par G. E. Moore, *Principia Ethica*.

11. J'utilise le terme « seconde nature » pour désigner la somme de nos perceptions, souvenirs et attitudes individuelles et collectives. Ce terme est peut-être mieux traduit par la notion de connaissance de sens commun dérivée de l'expérience quotidienne que par la connaissance scientifique. Cet usage ne doit pas être confondu avec la distinction entre l'image manifeste et l'image scientifique effectuée par le philosophe Wilfred Sellars. Comme il l'indique, l'image manifeste est le schéma de sens commun qu'a l'homme pris dans le monde, mais elle inclut aussi la science des corrélations et inductions. L'image scientifique incarne les entités postulées par la science théorique, par exemple les atomes, les molécules et la microphysique. Ainsi, ces deux images invoquent une connaissance scientifique. Les distinctions de Sellars visaient les philosophes. Mon usage est plus modeste et il a simplement pour but d'opposer nos impressions et conclusions de tous les jours à celles auxquelles parviennent les recherches scientifiques. Voir W. Sellars, « Philosophy and the scientific image of man ». Sur le type d'opposition entre seconde nature et nature que j'ai en tête, voir A. S. Eddington, *The Nature of Physical World*, p. ix-xii. Ce brillant astronome oppose la table devant lui – « étrange composé de nature extérieure, d'images mentales et de préjugés hérités » – à la description scientifique de sa table, « en majeure partie du vide plein de charges électriques agitées ».

12. R. Boyd et P. J. Richerson, *op. cit.*

13. T. H. Huxley, « On the method of Zadig ». Dans cet essai, fondé sur une causerie, Huxley souligne que la « prophétie » n'est pas nécessairement une prédiction du futur, mais plutôt, comme Voltaire l'indique dans « Zadig », qu'elle peut consister en vues dérivées de données présentes concernant les événements passés.

## Chapitre 7
## *Les formes de la connaissance*

1. G. Sarton, *Appreciation of Ancient and Medieval Science during the Renaissance.*

2. G. Vico, *La Nouvelle Science* ; I. Berlin, *Vico and Herder : Two Studies in the History of Ideas.*

3. I. Berlin, « The divorce between the sciences and the humanities », p. 326.

4. W. Dilthey, *La Philosophie de l'existence.*

5. G. Vico, *op. cit.* ; I. Berlin, *op. cit.*

6. W. James, « La conscience existe-t-elle ? ».

7. A. N. Whitehead, *Modes de pensée.*

8. C. P. Snow, *The Two Cultures and Scientific Revolution.*

9. E. Schrödinger, *L'Esprit et la Matière.*

10. J. B. Watson, *Le Behaviorisme* ; B. F. Skinner, *About Behaviorism.*

11. P. Churchland, *The Engine of Reason.*

12. Otto Neurath fut une figure essentielle de ce qu'on a appelé le cercle de Vienne ; à la fin de sa vie, il soutint le Mouvement pour l'unité de la science et publia l'*Encyclopedia of Unified Science.* Voir « Sociology and physicalism, Erkenntnis 2 (1931-1932) » et « Protocol sentences (1932-1933) », dans A. J. Ayer éd., *Logical Positivism.*

13. S. Weinberg, *Le Rêve d'une théorie ultime.* Contre l'idée de théorie de tout, on lira R. B. Laughlin et D. Pines, « The theory of everything ». Laughlin a rédigé une étude détaillée opposée au réductionnisme extrême dans *A Different Universe.*

14. E. O. Wilson, *L'Unicité de la connaissance.* Stephen Jay Gould a rédigé une critique enflammée de la position de Wilson dans *Le Renard et le Hérisson.* Voir en particulier le chapitre 9.

15. E. O. Wilson, *op. cit.*

## Chapitre 8
## *Réparer la faille*

1. I. Berlin, « The concept of scientific history ».

2. C. G. Hempel, *Aspects of Scientific Explanation and Other Essays in the Philosophy of Science.*

3. En termes classiques, ce sont des attitudes propositionnelles, à savoir des états de l'esprit possédant un contenu propositionnel et

suscitant des attitudes à leur endroit. Elles comprennent les croyances, les désirs, les intentions, les souhaits, les peurs, les doutes et les espoirs.

4. B. Adams, *The Law of Civilization and Decay.*

5. O. Spengler, *Le Déclin de l'Occident* ; A. Toynbee, *L'Histoire.* Eux deux et Adams peuvent être considérés comme des métahistoriens ou de vastes synthétiseurs, admirables par leur élan plutôt que pour leurs jugements.

6. J. L. Gaddis, *The Landscape of History.*

7. Voir G. M. Edelman, *Plus vaste que le ciel.*

8. G. Lakoff, *op. cit.*

9. E. O. Wilson, *op. cit.* ; S. J. Gould, *op. cit.*

10. D. Hume, *Traité de la nature humaine* ; G. E. Moore, *Principia Ethica.*

11. Le philosophe Avrum Stroll a soutenu vigoureusement qu'il est des questions de fait auxquelles, « même en principe », la science ne peut répondre.

12. W. O. Quine, *Relativité de l'ontologie* ; G. M. Edelman, *Plus vaste que le ciel.*

## Chapitre 9
## *Causalité, illusions et valeurs*

1. J. H. van't Hoff, *Imagination in Science.*

2. L'intentionnalité est examinée en détail dans J. R. Searle, *Consciousness and Language.*

3. W. O. Quine, *World and Object.*

4. L'épiphénoménalisme est parfois considéré comme un cousin du dualisme, comme une doctrine discutable et effrayante. Mais la couleur (ou plus exactement le spectre) de l'hémoglobine entraînée par la structure de cette molécule n'appelle pas une telle doctrine. Le spectre n'est pas causal, mais la couleur change lorsque, de façon causale, l'oxygène est lié.

5. Pour une analyse suggérant que la volonté consciente a de nombreuses propriétés illusoires, voir D. M. Wegener, *The Illusion of Conscious Will.*

6. A. R. Damasio, *Le Sentiment même de soi.*

## Chapitre 10
## *La créativité*

1. G. M. Edelman, *Biologie de la conscience*, chap. 8.

2. Citation d'un personnage d'E. M. Forster, *Retour à Howard's End*.

3. Cette conception de la pensée, par essence motrice, est cohérente avec les interactions connues du cortex préfrontal et pariétal avec les ganglions de la base, régions sous-corticales impliquées dans les programmes moteurs ; voir figure 1. L'idée essentielle est que tout ce qui est moteur ne s'exprime pas nécessairement comme action ou comme mouvement.

4. G. Kanizsa, *Organization in Vision*.

## Chapitre 11
## *Les états anormaux*

1. Même dans ces conditions, de nombreuses subtilités affectent le diagnostic de divers syndromes et états de maladie neurale. L'ampleur de la tâche devient évidente si l'on consulte le *Diagnostic and Statistical Manual of Mental Disorder* (*DSM-IV-TR*).

2. S. Freud, *Standard Edition*.

3. Pour une analyse du discrédit pesant sur la loi biogénétique de Haeckel, voir S. J. Gould, *Ontogeny and Phylogeny*.

4. Deux ouvrages relativement non techniques sur les syndromes neuropsychologiques : T. E. Feinberg, *Altered Egos* et W. Hirstein, *Brain Fiction*. Hirstein s'intéresse aux syndromes qui conduisent à des affabulations, sujet qui concerne évidemment la façon dont nous acquérons des connaissances et dont nous savons que nous avons des connaissances. Le neurologue Oliver Sacks a écrit sur les effets des syndromes neuropsychologiques sur les modes d'être et de connaissance. Il décrit bien comment des altérations du système nerveux se reflètent dans le comportement. Voir *L'Homme qui prenait sa femme pour un chapeau*.

5. R. W. Sperry, « Some Effects of Disconnecting the Cerebral Hemispheres », conférence Nobel, *Les Prix Nobel*, Stockholm, Almqvist & Wiksell, 1981.

6. Voir T. E. Feinberg, *Altered Egos* et W. Hirstein, *Brain Fiction*.

7. Voir W. Hirstein, *Brain Fiction*.

8. Ce n'est pas ici le lieu pour donner les références qu'on trouverait dans un manuel sur la psychose et la névrose. Une lecture attentive des sections correspondantes dans le *DSM-IV-TR* suffira.

9. Voir R. Wolheim, *Freud*.

10. Cité in C. P. Curtis et F. Greenslet éd., *The Practical Cogitator*, p. 31-35.

## Chapitre 12
## *Les neuromécanismes*

1. J. L. Krichmar et G. M. Edelman, « Brain-based devices for the study of nervous systems and the development of intelligent machines ».

2. A. Turing, « On computable numbers, with an application to the *Entscheidungs* problem ».

3. V. D. Hunt, *Understanding Robotics*, p. 7.

4. Le mécanisme Darwin VII n'est pas décrit en détail dans Krichmar et Edelman, « Brain-based devices... ». Il ressemble beaucoup à Darwin VIII, mais son cerveau ne possède pas de structures réentrantes. Pour plus de détails, voir J. L. Krichmar et G. M. Edelman, « Machine psychology ». Les développements ultérieurs sont exposés dans J. L. Krichma, A. Nitz, J. A. Gally et G. M. Edelman, « Characterizing functional hippocampal pathways in a brain-based Device as it solves a spatial memory task ».

5. Une telle machine perceptive de Turing combinerait les aptitudes à la perception et à l'apprentissage des parties semblables à un BBD avec le type de connaissances et la puissance de calculs d'un ordinateur numérique. Les erreurs pourraient être évitées dans la partie ordinateur, tandis que la « machine » perceptive traiterait la nouveauté, qui n'est pas programmable par nature. En même temps, la machine perceptive apprendrait à ne pas faire d'erreurs. La communication mutuelle entre les deux portions d'une telle machine devrait beaucoup augmenter la puissance de calculs et la reconnaissance de structure.

## Chapitre 13
## *Notre seconde nature*

1. Sur la correspondance Darwin-Wallace, voir M. J. Kottler, « Charles Darwin and Alfred Russel Wallace ».

2. W. V. Quine, *Pursuit of Truth*, p. 71.

3. Brentano s'est étendu sur la notion d'intentionnalité, dont il pensait qu'elle faisait la différence entre le mental et le physique. Pour un exposé moderne de ce concept, voir le recueil d'articles de J. R. Searle, *Consciousness and Language*. À la fin de sa vie, Brentano est devenu explicitement dualiste. Son œuvre clé de jeunesse est *Psychologie d'un point de vue empirique*.

4. M. A. Bishop et J. D. Trout, *Epistemology and the Psychology of Human Judgment*.

5. S. Blackburn, *Truth : A Guide* ; M. P. Lynch, *True to Life*.

6. J.-P. Changeux, *L'Homme de vérité*. Ce livre recourt à une version du darwinisme neural et de la théorie de la réentrée pour soutenir que la sélection au cours de l'évolution a fourni un fondement à la vérité – cela donne une physiologie de la vérité. Mais cette position ne permet pas de reconnaître que la quête de la vérité est, pour reprendre le terme de Stephen Jay Gould, une exaptation. La sélection en faveur de la conscience confère un avantage adaptatif à la planification, mais elle ne garantit pas la vérité. L'affirmation, même métaphorique, selon laquelle il existe une physiologie de la vérité est infondée. Le modèle de Popper sur la façon dont évolue la vérité n'est pas convaincant non plus, vu les preuves de notre comportement irrationnel. La vision du raisonnement suggérée par Bishop et Trout peut apporter une aide. Pour des arguments en faveur de l'idée selon laquelle notre cerveau n'a pas évolué pour parvenir à la connaissance de la vérité, voir P. Kitcher, « The Naturalists Return » et S. Stich, *The Fragmentation of Reason*.

7. A. I. Goldman, *Knowledge in a Social World*. Voir aussi P. Kitcher, *The Advances of Science*.

8. A. J. Ayer, *Philosophy in the Twentieth Century*.

9. G. Lakoff, *Women, Fire, and Dangerous Things* ; M. Johnson, *The Body in the Mind*.

10. J. Bruner, *Going Beyond Information Given*.

11. G. M. Edelman, *The Remembered Present*.

12. R. Wollheim, *Freud*.

13. S. J. Gould, *Le Renard et le Hérisson*.

# *Bibliographie*

ADAMS, B., *The Law of Civilization and Decay : An Essay on History*, New York, Macmillan, 1896, rééd. New York, Gordon, 1943.

ADAMS, H., *L'Éducation de Henry Adams*, Arles, Actes Sud, 2006.

AYER, A. J. (éd.), *Logical Positivism*, New York, Free Press, 1959.

—, *Philosophy in the Twentieth Century*, East Hanover (NJ), Vintage Books, 1984.

BELL, E. T., *Men of Mathematics : The Lives and Achievements of the Great Mathematicians from Zeno to Poincaré*, New York, Simon & Schuster, 1986.

BERLIN, I., « The concept of scientific history », *The Proper Study of Mankind : An Anthology of Essays*, New York, Farrar, Straus and Giroux, 1997, p. 17-58.

—, « The Divorce between the Sciences and the Humanities », *ibid.*, p. 320-358.

—, *Vico and Herder : Two Studies in the History of Ideas*, New York, Viking, 1976.

BISHOP, M. A. et TROUT J. D., *Epistemology and the Psychology of Human Judgment*, New York, Oxford University Press, 2005.

BLACKBURN, S., *Truth : A Guide*, New York, Oxford University Press, 2005.

BOYD, R. et RICHERSON P. J., *The Origin and Evolution of Cultures*, New York, Oxford University Press, 2005.

BRENTANO, F., *Psychologie du point de vue empirique*, Paris, Aubier, 1944.

BRUNER, J., *Going Beyond the Information Given*, New York, Norton, 1993.

CALLEBAUT, W. et PINXTEN R. (éds.), *Evolutionary Epistemology : A Multiparadigm Program*, Synthese Library, 190, Dordrecht, Reidel, 1987.

CAMPBELL, D. T., « Evolutionary epistemology », in P. A. Schlipp (éd.), *The Philosophy of Karl Popper*, La Salle (Il.), Open Court, 1974, p. 412-463.

CAPLAN, A. L. (éd.), *The Sociobiology Debate*, New York, Harper and Row, 1978.

CAREY, S., « Bootstrapping and the origin of concepts », *Daedalus*, 2004, 133, p. 59-68.

CHANGEUX, J.-P., *L'Homme de vérité*, Paris, Odile Jacob, 2002.

CHOMSKY, N., *Cartesian Linguistics*, New York, Harper and Row, 1966.

—, *Le Langage et la Pensée*, Paris, Payot, 1990.

—, *Some Concepts and Consequences of the Theory of Government and Binding*, Cambridge (Ma), MIT Press, 1982.

CHURCHLAND, P., *The Engine of Reason, the Seat of the Soul : Philosophical Journey into the Brain*, Cambridge (Ma), MIT Press, 1996.

COSMIDES, L. et TOOBY J., « From evolution to behavior : evolutionary psychology as the missing link », in J. Dupré (éd.), *The Latest on the Best : Essays on Evolution and Optimality*, Cambridge (Ma), MIT Press, 1987, p. 277-306.

CURTIS, C. P. et GREENSLET F. (éd.), *The Practical Cogitator ; or The Thinker Anthology*, Boston, Houghton Mifflin, 1962.

DALTON, T. C. et BAARS B. J., « Consciousness Regained : The Scientific Restoration of Mind and Brain », in Dalton et R. B. Evans (éds.), *The Life Cycle of Psychological Ideas*, New York, Kluwer Academic/Plenum, 2004, p. 203-247.

DAMASIO, A. R., *Le Sentiment même de soi*, Paris, Odile Jacob, 1999.

DANCY, J. et SOSA E. (éds.), *A Companion to Epistemology*, Oxford, Blackwell, 1992.

DARWIN, C., *L'Origine des espèces*, Paris, Flammarion, 1992.

DAWKINS, R., *Le Gène égoïste*, Paris, Odile Jacob, 1996.

DEHAENE, S., *La Bosse des maths*, Paris, Odile Jacob, 2006.

DESCARTES, R., *Discours de la méthode, Œuvres et lettres*, Paris, Gallimard, 1990.

—, *Méditations métaphysiques*, *ibid.*

*Diagnostic and Statistical Manual of Mental Disorders : DSM-IV-TR*, 4e éd., texte révisé, Washington D. C., American Psychiatric Association, 2000 ; trad. fr. Paris, Masson, 2003.

DILTHEY, W., *Philosophy of Existence : Introduction to Weltanschauungslehre*, trad. angl. W. Kluback et M. Weinbaum, New York, Bookman, 1957.

EDDINGTON, A. S., *The Nature of the Physical World*, Cambridge, Cambridge University Press, 1929.

EDELMAN, G. M., *Biologie de la conscience*, Paris, Odile Jacob, 1992.

—, « Naturalizing consciousness : A theoretical framework », *Proceedings of the National Academy of Sciences*, USA, 2003, 100, p. 5520-5524.

—, *Neural Darwinism : The Theory of Neuronal Group Selection*, New York, Basic Books, 1989.

—, *Plus vaste que le ciel*, Paris, Odile Jacob, 2004.

—, et GALLY J. A., « Degeneracy and complexity in biological systems », *Proceedings of the National Academy of Sciences*, USA, 2001, 98, p. 13763-13768.

—, et MOUNTCASTLE V. B., *The Mindful Brain : Cortical Organization and the Group-Selective Theory of Higher Brain Function*, Cambridge (Ma), MIT Press, 1978.

—, et TONONI G., *Comment la matière devient conscience*, Paris, Odile Jacob, 2000.

FEINBERG, T. E., *Altered Egos : How the Brain Creates the Self*, New York, Oxford University Press, 2001.

FREUD, S., *Sur le rêve*, Paris, Gallimard, 1988.

—, *The Standard Edition of the Complete Psychological Works of Sigmund Freud*, 24 vol., trad. angl. J. Strachey en collaboration avec A. Freud, assistés de A. Strachey et A. Tyson, Londres, Hogarth Press et Institute of Psychoanalysis, 1975.

GADDIS, J. L., *The Landscape of History : How Historians Map the Past*, New York, Oxford University Press, 2002.

GELMAN, R. et GALLISTIEL C. R., « Language and the origin of numerical concepts », *Science*, 2004, 306, p. 441-443.

GOLDMAN, A. I., *Knowledge in a Social World*, Oxford, Clarendon Press, 1999.

GORDON, P., « Numerical cognition without words : evidence from Amazonia », *Science*, 2004, 3006, p. 496-499.

GOULD, S. J., *Le Renard et le Hérisson*, Paris, Le Seuil, 2005.

—, *La Mal-Mesure de l'homme*, Paris, Odile Jacob, 1997.

—, *Ontogeny and Phylogeny*, Cambridge (Ma), Belknap Press of Harvard University Press, 1977.

HEIL, J., *Philosophy of Mind : A Guide and Anthology*, Oxford, Oxford University Press, 2004.

HEMPEL, C. G., *Aspects of Scientific Explanation and Other Essays in the Philosophy of Science*, New York, Free Press, 1965.

HIRSTEIN, W., *Brain Fiction : Self-Deception and the Riddle of Confabulation*, Cambridge (Ma), MIT Press, 2005.

HUME, D., *Traité de la nature humaine*, Paris, Flammarion, 1990.

HUNT, V. D., *Understanding Robotics*, New York, Academic Press, Harcourt Brace Jovanovich, 1990.

HUXLEY, T. H., « On the Method of Zadig : Retrospective Prophecy as a Function of Science », *Science and Hebrew Tradition : Essays by Thomas H. Huxley*, New York, D. Appleton, 1894, p. 1-22.

JAMES, W., « La conscience existe-t-elle ? », *Essais d'empirisme radical*, Paris, Agone, 2005.

JOHNSON, M., *The Body in the Mind*, Chicago, University of Chicacgo Press, 1987.

KANIZSA, G., *Organization in Vision*, New York, Praeger, 1979.

KITCHER, P., *The Advances of Science*, New York, Oxford University Press, 1993.

—, « The Naturalists Return », *Philosophical Review*, 1992, 101, n° 1, p. 53-114.

KOTLER, M. J., « Charles Darwin and Alfred Russel Wallace : Two decades of debate over natural selection », in D. Kohn (éd.), *The Darwinian Heritage*, Princeton (NJ), Princeton University Press, 1985, p. 367-432.

KRICHMAR, J. L. et EDELMAN G. M., « Brain-based devices for the study of nervous systems and the development of intelligent machines », *Artificial Life*, 2005, 111, p. 67-77.

—, « Machine psychology : Autonomous behaviour, perceptual categorization and conditioning in a brain-based device », *Cerebral Cortex*, 2002, 12, p. 818-830.

KRICHMAR, J. L., NITZ D. A., GALLY J. A. et EDELMAN G. M., « Characterizing functional hippocampal pathways in a brain-based device a it solves a spatial memory task », *Proceedings of the National Academy of Sciences*, USA, 2005, 102, p. 2111-2116.

LAKOFF, G., *Women, Fire, and Dangerous Things*, Chicago, University of Chicago Press, 1987.

LAUGHLIN, R. B., *A Different Universe : Reinventing Physics from the Bottom Down*, New York, Basic Books, 2005.

—, et PINES D., « The theory of everything », *Proceedings of the National Academy of Science*, USA, 2000, 97, p. 28-31.

LEMER, C., IZARD V. et DEHAENE S., « Exact and approximate arithmetic in a Amazonian indigene group », *Science*, 2004, 306, p. 499-503.

LEWONTIN, R., « Sociobiology – A caricature of darwinism », in P. Asquith et F. Suppe (éd.), *PSA 1976*, 2, East Lansing, MI, Philosophy of Science Association, 1977, p. 22-31.

LYNCH, M. P., *True to Life : Why Truth Matters*, Cambridge (Ma), MIT Press, 2004.

MAYR, E., *Histoire de la biologie*, Paris, Fayard, 1989.

MERZENICH, M. M., NELSON R. J., STRYKER M. P., SCHOPPMAN A. et ZOOK J. M., « Somatosensory cortical map changes following digit manipulation in adult monkeys », *Journal of Comparative Neurology*, 1984, 224, p. 591-605.

MESSERLY, J. G., *Piaget's Conception of Evolution : Beyond Darwinism and Lamarck*, Lanham (MD), Bowman and Littlefield, 1996.

MODELL, A. H., *Imagination and the Meaningful Brain*, Cambridge (Ma), MIT Press, 2003.

MOORE, G. E., *Principia Ethica*, Cambridge, Cambridge University Press, 1903.

PIAGET, J., *Biology and Knowledge : An Essay on the Relations between Organic Regulations and Cognitive Processes*, Chicago, University of Chicago Press, 1971.

—, *L'Épistémologie génétique*, Paris, PUF, 2005.

PLATON, *Ménon, Œuvres complètes*, Paris, Gallimard, 1990.

QUINE, W. V., *Relativité de l'ontologie et autres essais*, Paris, Aubier-Montaigne, 1977.

—, *La Poursuite de la vérité*, Paris, Le Seuil, 1993.

—, *Quiddités*, Paris, Le Seuil, 2006.

REEKE, G. N. Jr et EDELMAN G. M., « Real brains and artificial intelligence », *Daedalus*, 1987, 117, p. 143-173.

RICHARDS, R. J., *Darwin and the Emergence of Evolutionary Theories of Mind and Behavior*, Chicago, University of Chicago Press, 1987.

RORTY, R., *Philosophy and the Mirror of Nature*, Princeton (NJ), Princeton University Press, 1979.

SACKS, O., *L'Homme qui prenait sa femme pour un chapeau*, Paris, Le Seuil, 1992.

SARTON, G., *Appreciation of Ancient and Medieval Science during the Renaissance*, New York, Barnes, 1955.

SCHRÖDINGER, E., *L'Esprit et la Matière*, Paris, Le Seuil, 1990.

SEARLE, J. R., *Consciousness and Language*, Cambridge, Cambridge University Press, 2002.

—, « The future of philosophy », *Philosophical Transactions of the Royal Society of London*, 1999, B 354, p. 2069-2080.

—, *Minds, Brains and Science*, Cambridge (Ma), Harvard University Press, 1984.

—, *Le Mystère de la conscience*, Paris, Odile Jacob, 1999.

SELLARS, W., « Philosophy and the scientific image of man », *Science, Perception and Reality*, Londres, Routledge and K. Paul, 1963, p. 1-40.

SKINNER, B. F., *About Behaviourism*, New York, Vintage, 1976.

SNOW, C. P., The Two Cultures and Scientific Revolution, New York, Norton, 1930.

SPENGLER, O., *Le Déclin de l'Occident*, Paris, Gallimard, 1931.

SPERRY, R. W., « Some effects of disconnecting the cerebral hemispheres », conférence Nobel, *Les Prix Nobel*, Stockholm, Almqvist & Wiksell, 1981.

STICH, S., *The Fragmentation of Reason*, Cambridge (Ma), MIT Press, 1990.

STROLL, A., *Did My Genes Make Me Do It ? And Other Philosophical Dilemmas*, Oxford, One World, 2004.

TARSKI, A., « The concept of truth in formalized languages », *Logic, Semantics, Metamathematics : Papers from 1923 to 1938*, trad. angl., J. H. Woodger, Oxford, Clarendon Press, 1956, p. 152-278.

TAYLOR, C., « Overcoming epistemology », *Philosophical Arguments*, Cambridge (Ma), Harvard University Press, 1995, p. 1-19.

TOYNBEE, A., *L'Histoire*, Paris, Payot, 2005.

TURING, A., « On computable numbers, with an application to the entscheidungs problem », *Proceedings of the London Mathematical Society*, 1936, 2e série, 42, p. 230-265.

—, *La Machine de Turing*, Paris, Le Seuil, 1999.

UNGLASS, M. A., « Dopamine : The salient issue », *Trends in Neurosciences*, 2004, 27, p. 702-706.

VAN'T HOOF, J. H., *Imagination in Science*, trad. G. F. Springer, Berlin, Springer-Verlag, 1967.

VICO, G. B., *La Science nouvelle*, Paris, Gallimard, 1993.

WATSON, J. B., *Le Béhaviorisme*, Paris, CEPL, 1972.

WEGENER, D. M., *The Illusion of Conscious Will*, Cambridge (Ma), MIT Press, 2003.

WEINBERG, S., *Le Rêve d'une théorie ultime*, Paris, Odile Jacob, 1997.

WHITEHEAD, A. N., *Modes de pensée*, Paris, Vrin, 2004.

—, *La Science et le Monde moderne*, Paris, Le Rocher, 1994.

WILSON, E. O., *L'Unicité du savoir*, Paris, Robert Laffont, 2000.

WITTGENSTEIN, L., *Recherches philosophiques*, Paris, Gallimard, 2004.

WOLLHEIM, R., *Freud : A Collection of Critical Essays*, Garden City, NY, Anchor Press/Doubleday, 1974.

# *Remerciements*

Je suis particulièrement reconnaissant à Kathryn Crossin, Bruce Cunningham, Joseph Gally, Ralph Greenspan et George Reek pour leur lecture attentive du texte et leurs suggestions critiques. Je suis redevable aussi à Diana Stotts, pour l'excellence et la patience de son aide dans la préparation du manuscrit. Mes collègues à l'Institut des neurosciences ont été une source d'échanges nombreux durant l'écriture de ce livre.

# *Table*

DU MÊME AUTEUR
CHEZ ODILE JACOB

*Plus vaste que le ciel. Une nouvelle théorie générale du cerveau*, 2004.

*Comment la matière devient conscience* (avec Giulio Tononi), 2000.

*Biologie de la conscience*, 1992 ; « Poches Odile Jacob », 2000.

Cet ouvrage a été transcodé et mis en pages
chez NORD COMPO (Villeneuve-d'Ascq)

N° d'édition : 7381-1928-Y
Dépôt légal : septembre 2007

www.ingramcontent.com/pod-product-compliance
Lightning Source LLC
LaVergne TN
LVHW010925051026
849532LV00003B/856
* 9 7 8 2 7 3 8 1 1 9 2 8 5 *